365일 즐기는 디저트

# 1일 1빙수

하라다 이즈미 지음
김영진 옮김

어디서부터
먹는 게 좋을까?

**BM** 성안북스

365일 즐기는 디저트

# 1일 1빙수

**2016년 7월 15일 1판 1쇄 인쇄**
**2016년 7월 20일 1판 1쇄 발행**

**지은이** 하라다 이즈미
**옮긴이** 김영진
**발행인** 최한숙
**펴낸곳** [BM] 성안북스
**주소** 04032 서울시 마포구 양화로 127 첨단빌딩 5층(출판기획 R&D 센터)
　　　10881 경기도 파주시 문발로 112(제작 및 물류)
**전화** 02)3142-0036
　　　031)950-6386
**팩스** 031)950-6388
**등록** 1978. 9. 18 제406-1978-000001호
**출판사 홈페이지** www.cyber.co.kr
**이메일 문의** sunganbooks@naver.com
**ISBN** 978-89-7067-312-7 (13590)
**정가** 12,800원

**이 책을 만든 사람들**
**진행** 전희경, 강지예
**디자인** 앤미디어
**홍보** 박연주
**마케팅** 구본철, 차정욱, 나진호, 이동후, 강호묵
**제작** 김유석

原田泉一日一氷365日のかき氷
Ichinichi-Ippyou 365 Nichi no kakigori
Written by Izumi Harada
Copyright © 2016 by Izumi Harada
Original Japanese edition published by Pia Co., Ltd.Tokyo,Japan
This Korean edition published 2016 by SungAnBooks
Korean edition is published by arrangement with Pia Co., Ltd. through AMO Agency.

365일 즐기는 디저트

# 1일 1빙수

하라다 이즈미 지음
김영진 옮김

# 머리말

빙수를 일상적으로 먹는 문화가 정착되면 얼마나 좋을까? 언제 어디서나 맛있는 빙수를 먹을 수만 있다면 참 좋을 텐데…….
이런 생각으로 출간했던 〈일본 빙수 도감(にっぽん氷の図鑑)〉이 선풍적인 인기를 끈 덕분에 올해는 이 책 〈1일 1빙수〉를 펴내게 되었습니다.

빙수는 지금까지 여름철 한정으로만 여겨졌습니다. 하지만 빙수 가게 사장님들의 매일매일 계속되는 메뉴 개발과 끊임없는 노력, 손님이 찾지 않는 겨울철에도 빙수를 버리지 않았던 인내심, 단골 가게에 드나들며 빙수 메뉴를 이용해 주신 마니아 분들의 투자, 한겨울에 부들부들 떨면서도 몇 그릇이나 먹었던 정신력, 기다리는 상대방보다 막 나온 빙수를 예쁘게 사진 찍는 것에 몰두했던 나날들…….

이런 노력 덕분에 빙수의 아름다움과 매력은 SNS를 타고 일반인에게까지 확산되면서 수많은 신인 빙수마니아를 낳고, 여러 매스컴에서도 '빙수 붐'의 열기를 비중 있게 다루게 되었습니다. 그렇다면 우리는 어떻게 빙수를 1년 내내 즐길 수 있게 되었을까요? 그 답은 '사계절'과 '공휴일'에 있습니다. 빙수는 여름철이 다가올수록 더 매력적이긴 하지만, 빙수 가게들이 경쟁하듯 제철 과일을 활용한 '사계절 빙수'와 공휴일에 초점을 맞춘 '이벤트 빙수' 메뉴를 열정적으로 개발한 덕분에, 저 같은 마니아들의 마음을 사로잡았습니다.

사계절과 특정 공휴일에 어울리도록 개발한 맞춤식 빙수가, 계속적으로 번창하며 고유의 디저트문화로 정착하길 바라는 마음에 365일의 생생한

증거를 책 한권으로 정리하기에 이르렀습니다. 달력처럼 계절별로 정리되어 있으니 단숨에 처음부터 끝까지 몰입해서 보시길 바랍니다.

마지막으로 한 가지만 덧붙이자면, 빙수에 표기된 날짜는 어디까지나 하나의 예시이며, 그날 반드시 그 빙수를 먹어야 한다거나, 소개된 가게에서 그날 그 빙수를 꼭 판매한다는 뜻이 아니니 유의해 주시길 바랍니다. 그럼 7월부터 빙수 달력을 한 장씩 넘기며 시원함과 달콤함을 만끽해 보세요.

**저자** 하라다 이즈미

목
차

7月
July
·····
8-22

9月
September
·····
37-50

11月
November
·····
63-75

8月
August
·····
23-36

10月
October
·····
51-62

12月
December
·····
76-89

**1月**
January
· · · · · ·
90-100

**2月**
February
· · · · · ·
101-112

**3月**
March
· · · · · ·
113-126

**4月**
April
· · · · · ·
127-142

**5月**
May
· · · · · ·
143-155

**6月**
June
· · · · · ·
156-169

가게명 색인
· · · · · ·
170-175

책에서 소개한
빙수 원어 &
가게명 & 지명
· · · · · ·
176-185

편집을
끝내면서
· · · · · ·
186

마지막으로
· · · · · ·
187

# 7月

July

바닷가에 울려퍼지는
빙수 만드는 소리.

본격적인 더위가 시작되는 7월에는 더욱 풍성한 제철 과일을 즐
길 수 있지요. 그중에서도 특별히 탐스럽고 달콤한 복숭아는 빙
수 마니아들을 열광시키기에 충분합니다.

복숭아딜럭스빙수

7
월
2
일

두유풋콩빙수

7 월 3 일

패션푸르트와
패션가나슈빙수

7 월 4 일

패션푸르트빙수

7월 5일

마녀의망고얼음빙수

7월 6일

수박빙수

7월 7일

파인애플레몬요구르트
우유빙수

7월 8일

딸기소스우유얼음빙수

진한망고맛우유빙수

블루베리레몬요구르트우유빙수

7월 11일
진한자두맛우유빙수

7월 12일
딸기우유빙수

7월 13일
라즈베리빙수

7월 14일
복숭아매실주빙수

7월 15일
복숭아빙수

7월 16일
커피우유빙수

7
월
17
일

복숭아우유빙수

7
월
18
일

Gooler's Heaven
바닷가에서 먹는 빙수. 여기가 바로 천국이네요.

레몬빙수

말차빙수

7
월
20
일

복숭아우유빙수

7
월
21
일

딸기얼음빙수

7월 22일
딸기빙수

7월 23일
무지개빙수

7월 24일
복숭아빙수

7월 25일
긴토키빙수

• '긴토키(銀時)'는 일본에서 유명한 만화 『긴타마(銀魂)』의 주인공 이름인데 머리가 온통 은빛임.

무농약검정구스베리빙수
7월 26일

7월 27일
버라이어티(Variety)빙수

19

7 월 28 일

빙수

7 월 29 일

하치죠킨토키빙수

\* '하지죠(八女)'는 '八女茶(하지죠차)'와 八女紅茶(하지죠코오차)'의 준말임.

감자옥수수빙수

모과지게미크림빙수

# 8月

## August

계속 여름방학이면
얼마나 좋을까!

8월-1일

커피빙수

저어–
사람에게는 말이야
미각이라는 것이 있는데
그것은 키와 함께
자라는 거야.
어린이에게는 손이 닿지 않는 곳도
어른에게는 닿지.
미각도 마찬가지로
어린이가 이해하지 못하는 맛도
어른이 되면 알 수 있는 거란다.

딸기우유빙수

8월 3일

말차팥빙수

8월 4일

블루베리
요구르트빙수

27

블루하와이빙수

8월 6일

머스크멜론빙수

8월 7일

멜론빙수

29

8월 8일

딸기빙수

8월 9일

방캉요구르트빙수

· '방캉(晩柑)'은 일본의 구마모토산(熊本産) 감귤의 일종임.

8월 10일

유자얼음&체리칵테일빙수

8월 11일

블루베리우유빙수

오이빙수

키위요구르트빙수

흰곰빙수

푸딩흰곰빙수

진한복숭아우유빙수

우유팥빙수

칼피스라테빙수

칼피스(calpis)는 일본에서 시판중인 유산균 음료임.

달콤한된장견과치즈빙수

8월 20일

딸기빙수

8월 21일

커피우유빙수

8월 22일

콜라빙수

8월 23일

에메랄드
파인애플빙수

8월 24일

말차우유빙수

8월 25일

하와이안블루
우유빙수

8
월
26
일

호우지차얼음빙수

8
월
27
일

딸기우유빙수

8
월
28
일

미니수박빙수

8
월
29
일

검정꿀콩가루빙수

베리베리장미우유빙수

블루베리빙수

오늘로 여름방학도 끝이네요.
숙제를 다 한 아이만 빙수를 먹을 수 있어요.
주영군은 먹을 수 있겠어요?

# 9
# 月

September

수확의 계절

9 월 1 일

피오네빙수

* 'Pione'는 이탈리아어로 검정포도의 일종을 가리킴.

9월 2일

포도빙수

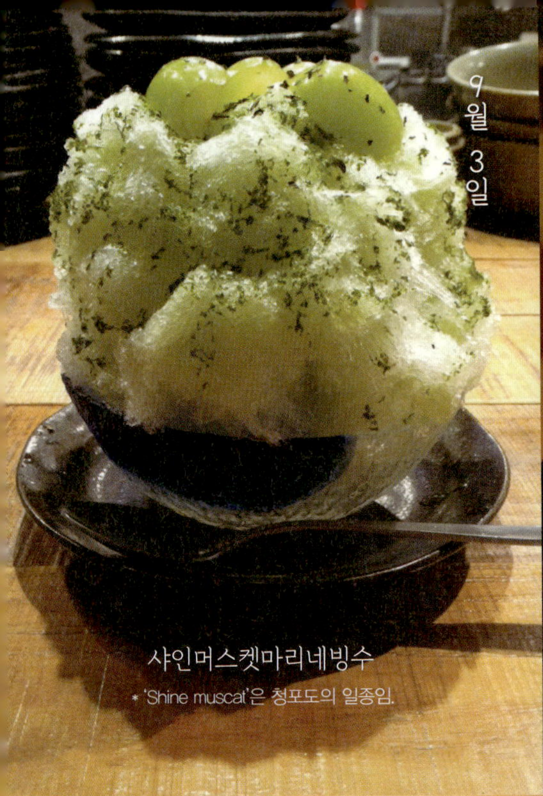

9월 3일

샤인머스켓마리네빙수

* 'Shine muscat'은 청포도의 일종임.

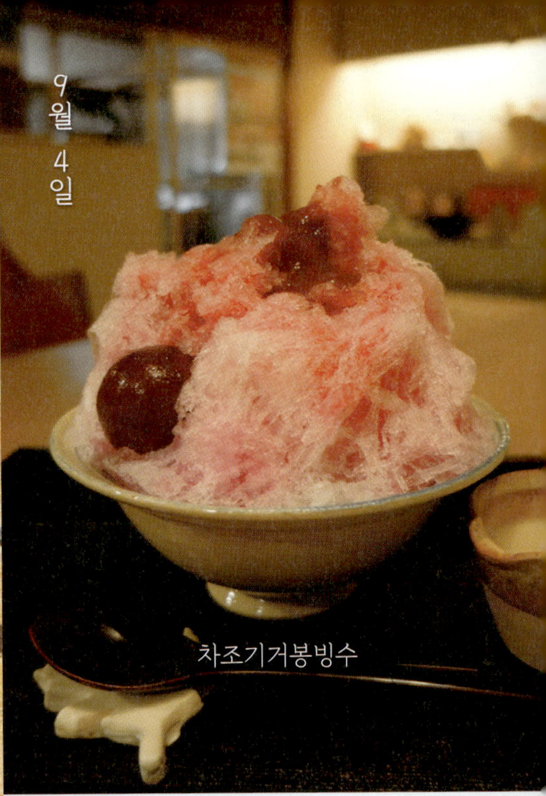

9월 4일

차조기거봉빙수

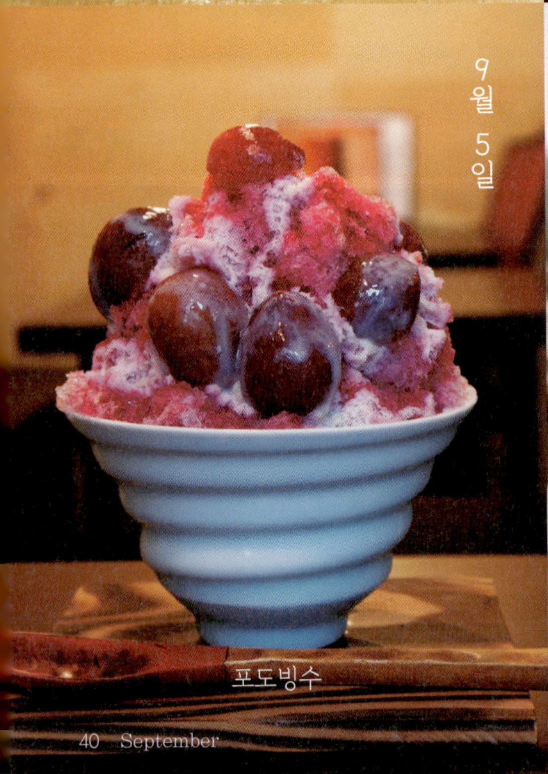

9월 5일

포도빙수

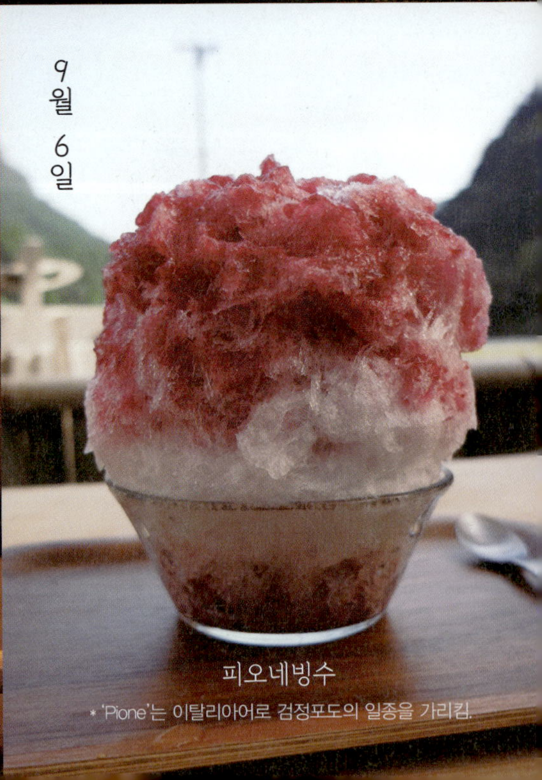

9월 6일

피오네빙수

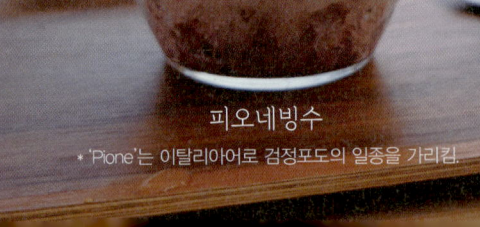

* 'Pione'는 이탈리아어로 검정포도의 일종을 가리킴.

9월 7일 피오네요구르트우유빙수

9월 8일 감귤빙수

9월 9일 3가지포도맛빙수

9월 10일 차이차빙수

9월 11일 파인애플빙수

9월 12일 무화과빙수

41

9월 13일
얼음으로휘감은떡빙수

9월 14일
금가루우유빙수

9월 15일
피칸파이빙수

9월 16일
유자빙수

9월 17일
생강벌꿀우유빙수

9월 18일
호우지차빙수

개업한 지 91년,
'오카야마'의 '가니통'은 현존하는 가장 오래된 빙수가게.
오늘은 '딸기빙수'를 먹으면서
춘추 68세의 시니어프로마니아 미즈시마 씨가
빙수기계로 솜씨 있게 얼음을 깎는 모습을 보고 싶구나.

딸기우유빙수

9월 20일

과일우유빙수

9월 21일

가을공주빙수

거봉우유빙수

9월 23일

황금복숭아빙수

9
월
24
일

카페클레임빙수

9월 25일

포도빙수

9월 26일

토마토우유빙수

9월 27일

거봉빙수

9월 28일

멜론빙수

아쌈과딤블라빙수

* 'ASSAM'과 'DIMBULA'는 '홍차(紅茶)'의 이름임.

무농약산딸기요구르트
치즈케이크빙수

# 10月

## October

향긋한 팥 냄새에
감사하는 마음이 저절로 솟는다.

빙수에 반드시 필요한 것,
오랜 세월을 함께 살아온 부부처럼
장단이 맞아 서로 다가가는 것,
그것은 바로 팥소입니다.
팥소의 원료인 팥은
요즈음이 수확기라서
해팥이 시장에 나오기 시작합니다.

**새알심팥죽빙수**

단팥죽코코넛빙수

10
월
3
일

팥우유빙수

10월 4일

단팥죽크림빙수

10월 5일

우유빙수

10월 6일

팥빙수

10월 7일

말차새알팥빙수

55

진한팥죽빙수

팥소우유얼음빙수

10
월
10
일

단팥죽빙수

10
월
11
일

단팥죽우유빙수

10
월
12
일

단팥죽커피우유빙수

10
월
13
일

팥소딸기우유빙수

10
월
14
일

팥콩가루크림빙수

10
월
15
일

팥빙수

10
월
16
일

단팥죽빙수

10
월
17
일

팥소빙수

10
월
18
일

콩우유빙수

10
월
19
일

하얀소말차빙수

10
월
20
일

단팥죽새알우유빙수

10
월
21
일

콩가루팥소우유빙수

10
월
22
일

팥얼음빙수

진한말차팥소빙수

10
월
23
일

10
월
24
일

단팥죽우유빙수

10
월
25
일

말차가루팥우유빙수

10
월
26
일

앙미츠말차얼음빙수

* 앙미츠는 삶은 팥이나 콩에 설탕을 넣어 조린 일본 전통 디저트

10
월
27
일

볶은찻잎팥빙수

10
월
28
일

단팥죽빙수

10
월
29
일

팥소우유빙수

팥소우유빙수

Hallowe'en

무농약호박프로마쥬치즈우유빙수

# 11月

## November

맛있는 밤에는
가시가 있기 마련이다.

개와 함께 출입할 수 있는 가게가
늘어나고 있습니다.

캐러멜소금빙수

몽블랑빙수

11 월 3 일

토종밤빙수

밤우유빙수

* '마롱'은 '마롱 글라세'를 가리키는 말로, 삶은 밤에 설탕 · 향료 등을 넣고 졸인 프랑스 과자임.

마롱호박프로마쥬
치즈우유빙수

11월 6일

밤우유빙수

11월 7일

마롱빙수

• '마롱'은 '마롱 글라세'를 가리키는 말로, 삶은 밤에 설탕 · 향료 등을 넣고 졸인 프랑스 과자임.

밤소빙수

11월 8일

11월 9일

마롱프로마쥬치즈빙수

11월 10일
밤빙수

11월 11일
복숭아조림빙수

11월 12일
한라봉빙수

말차호박빙수
11월 13일

11월 14일
구운사과그레놀라빙수

팥소견과빙수
11월 15일

69

11
월
16
일

사과레몬요구르트우유빙수

11
월
17
일

라즈베리코코아우유빙수

11
월
18
일

호박빙수

11
월
19
일

호박빙수

감크림치즈빙수

11월 20일

11월 21일

감빙수

11월 22일

감빙수2015

11월 23일

감빙수2016

71

11
월
24
일

키위우유빙수

11
월
25
일

키위빙수

11
월
26
일

키위요구르트빙수

11
월
27
일

키위레몬크림빙수

프리미엄캐러멜빙수

티라미수빙수

* 'Tiramisù'는 이탈리아 디저트의 일종임.

11
월
30
일

호박캐러멜빙수

# 12
# 月

December

눈이여 펑펑 내려라.
싸락눈이여 펑펑 내려라.

크리스마스
딸기초콜렛빙수

12
월
2
일

딸기크리스마스트리빙수

12월 3일

화이트초콜릿
에스푸마말차빙수

* 'ESPUMA'는 스페인 요리의 한 종류임.

12월 4일

붓슈드노엘빙수

* 'bûche de Noël'은 프랑스식 나무 모양의 롤케이크의 일종.

12
월
5
일

호우지차빙수

12
월
6
일

바질레몬빙수

12
월
7
일

흰곰빙수

12
월
8
일

커피우유빙수

고구마우유시럽빙수

아침놀빙수

핫토마토레몬타바스꼬빙수

• 'Tabasco'는 멕시코의 소스.

사과생강시나몬빙수

유자&무빙수

에스프레소우유빙수

81

12월 15일

콩가루휩빙수

\* 'whip'는 계란 흰자 등을 섞어 휘저어 만든 크림.

12월 16일

화이트초콜릿
피스타치오라즈베리빙수

카푸치노빙수

12월 17일

12월 18일

캐러멜견과빙수

12월 19일

타피오카우유빙수

'tapioca'는 왕배추 뿌리로 만든 전분(澱粉).

12월 20일

밀크크림코코아빙수

12월 21일 동지 (冬至)

1년 중 밤이 가장 긴 날은 귤 계통으로
빙수 마니아끼리의 대화

굴빙수

12월 22일

푸딩빙수

12
월
23
일

생일얼음빙수

크리스마스트리빙수

Merry Christmas

크리스마스빙수

크리스마스 한정
초콜릿빙수

빨간사과빙수

진한금귤맛우유빙수

크리스털레몬빙수

* '금귤(金柑)'은 한국에서도 잘 알려진 귤의 일종임.

나의 습관이지만
1년의 마감은 '지겐(慈げん)'의 센슈우라쿠(千秋樂)'에
"이것"으로 결정했습니다.

검정꿀콩가루크림빙수

생딸기빙수

오늘은 1년을 되돌아보는 날

# 1月

## January

새해 첫 날 '빙수' 라고 써야지.

1월 1일 설날

설날빙수

1월 2일

설날빨갛게물든후지산빙수

初春

설날감주빙수

1월 4일

설날청주빙수

1월 5일

설날구보타만쥬빙수

* '구보타만쥬(久保田萬壽)'는 일본 '니이가다현(新潟縣)' 소재의 아사히(朝日) 주조회사의 술 상표임.

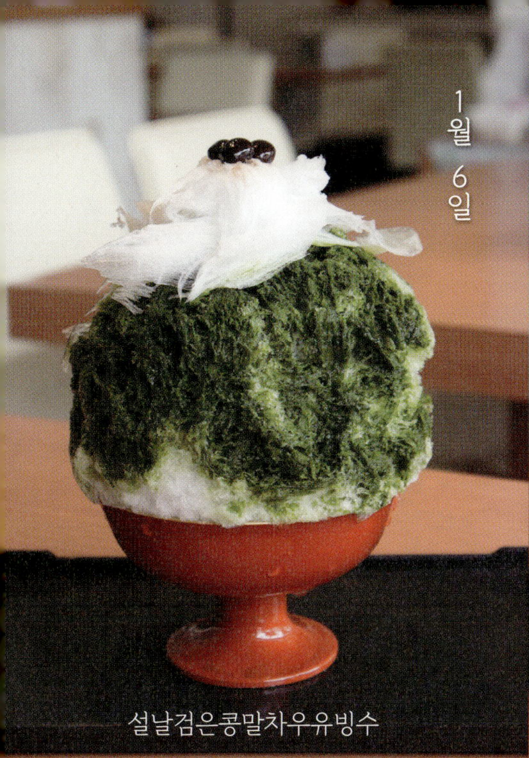

1월 6일

설날검은콩말차우유빙수

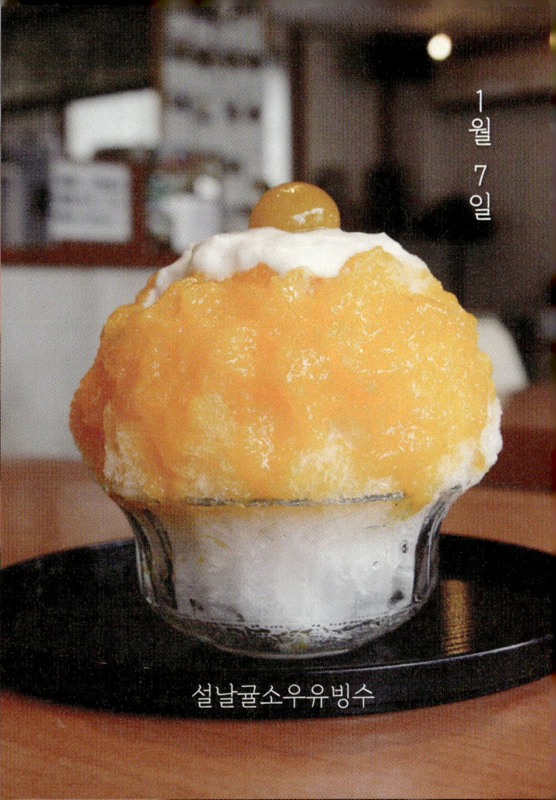

1월 7일

설날귤소우유빙수

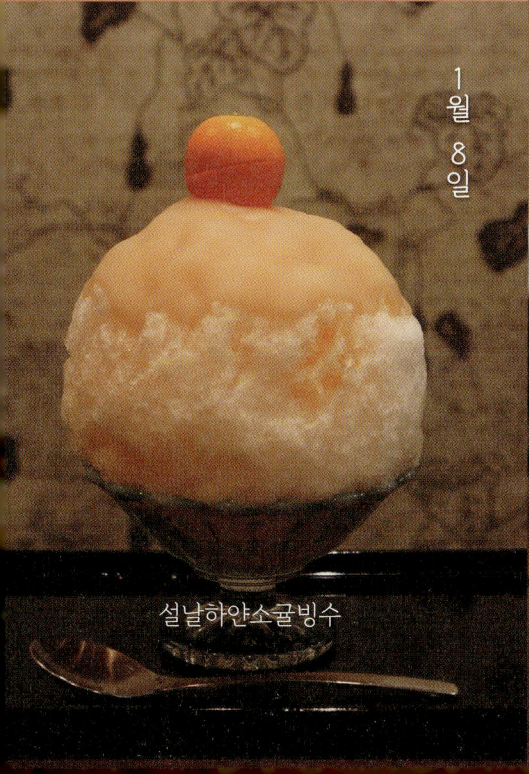

1월 8일

설날하얀소귤빙수

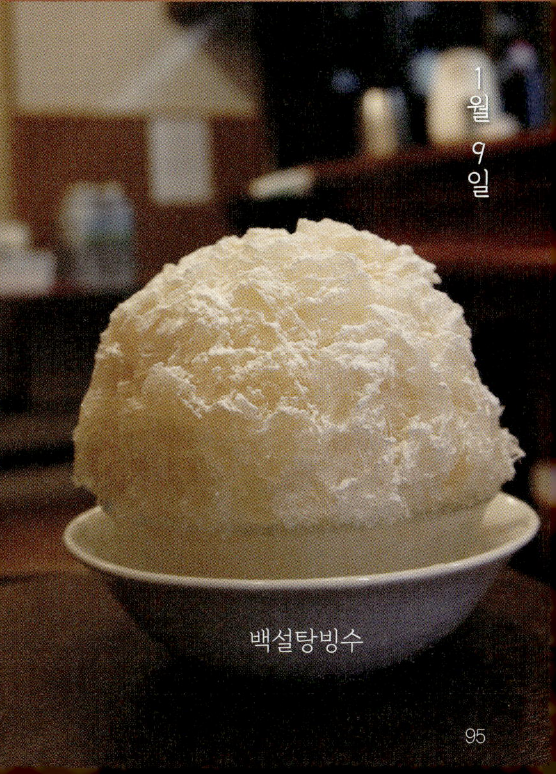

1월 9일

백설탕빙수

1월 10일
백설탕빙수

1월 11일
콩가루빙수

1월 12일
호박진주우유빙수

1월 13일
티라미수빙수
＊'Tiramisu'는 이탈리아 디저트 중의 하나임.

1월 14일
어린새싹빙수

1월 15일
화이트검은콩빙수

수제콩가루흑설탕빙수

흑설탕생강빙수

검정깨규우히우유빙수

* '규우히(求肥)'는 찹쌀에 설탕이나 물엿을 반죽하여 만든 일본
과자의 재료임.

피스타치오무스빙수

1
월
20
일

생귤빙수

1
월
21
일

한라봉우유빙수

소호귤빙수

1
월
22
일

* '소호(曾保)'는 일본의 가가와현(香川県)에서 생산되는 귤 명칭임.

1
월
23
일

레아치즈귤빙수

바나나캐러멜빙수

1
월
24
일

1
월
25
일

감주빙수

호박고구마미숫가루
캐러멜소스빙수

감자캐러멜빙수

자색고구마빙수

달콤한감자와
사과파이빙수

팥빙수

피스타치오화이트초콜릿
케이크빙수

# 2月

## February

달콤한 사랑을 할 것 같은
예감이 든다.

2월 1일

흰초콜릿빙수

Happy my Valentine빙수

휘파람새빙수

2
월
4
일

사적(私的)인 일로 죄송한데요,
오늘이 제 생일날입니다(웃음).

복(福)은 집 안으로 들어오고

2월 5일

무농약자색고구마
프로마쥬치즈우유팥빙수
* 'Fromage'는 프랑스의 전통적인 치즈.

2월 6일

딸기숏케이크초콜릿휩 빙수

* 'Masala Chaie'는 인도의 밀크 티.

2월 7일

아보카도견과빙수

2월 8일

마사라챠이빙수

2월 9일

밸런타인 한정 딸기&블랙초콜릿
크래시아몬드빙수

2월 10일

발렌타인빙수

2월 11일

발렌타인베리베리초콜릿
캐러멜빙수

2월 12일

발렌타인
티라미수빙수

• 'Tiramisu'는 이탈리아 디저트의 일종임.

2
월
13
일

발렌타인빙수

2
월
14
일

St Valentine´s day

발렌타인 한정 블랙초콜릿
비타캐러멜초콜릿빙수

검정꿀콩가루빙수

블러드오렌지빙수

* 'blood orange'는 속살이 검붉은 '피(blood)' 색깔의 오렌지임.

2
월
17
일

2
월
18
일

키위빙수

푸린쨩빙수

• '푸린쨩(ぷりんちゃん)'은 일본에서 인기 있는 캐릭터의 하나임.

유자백설탕빙수

2
월
19
일

2
월
20
일

후츠치즈캐러멜빙수

2
월
21
일

2
월
22
일

• 'Chai'는 힌두어로 차(茶)를 의미함.

차이꿀견과빙수

고구마빙수

111

2월 23일 프로마쥬치즈우유빙수

2월 24일 아보카도우유빙수

2월 25일 아보카도두유생캐러멜소스빙수

2월 26일 믹스견과빙수

2월 27일 칼피스프리미엄빙수

2월 28일 믹스베리빙수

112

# 3
# 月
## March

역시나 딸기겠죠.

3월 1일

질, 양, 가격, 모든 면에서
딸기가 맛있는 계절.
마니아들은 맛있는 딸기를 찾아
전국으로 딸기 여행을 떠난다.

레몬밀크요구르트     딸기     프리미엄우유

딸기삼매경

딸기딜럭스빙수

소녀들을 위한 축제

귀여운우유빙수

3월 4일

생딸기빙수

3월 5일

딸기칼피스휩빙수
* 칼피스(calpis)는 일본에서 시판중인 유산균 음료임.

3월 6일

캐러멜커스터드크림우유빙수

3월 7일

생딸기빙수

117

3월 8일 딸기우유빙수

3월 9일 딸기빙수

3월 10일 딸기살구우유빙수

3월 11일 겨울딸기빙수

3월 12일 휩딸기빙수

3월 13일 생딸기우유빙수

3 월
14 일

White day

White+love

3
월
15
일

딸기밀푀유빙수

* 'mille-feuille'는 프랑스 과자의 일종임.

3
월
16
일

딸기프로마쥬치즈빙수

* 'Fromage'는 프랑스의 전통적인 치즈.

3
월
17
일

딸기빙수

3
월
18
일

생딸기빙수

딸기빙수

3
월
20
일 춘분(春分)

딸기빙수

화이트초콜릿
딸기빙수

3
월
22
일
딸기빙수

3
월
23
일
생딸기우유스페셜빙수

3
월
24
일
추억의딸기우유빙수

3
월
25
일
딸기빙수

3
월
26
일
딸기우유빙수

3
월
27
일
스페셜딸기크림빙수

우리는 빙수 멤버입니다.

3
월
28
일

숏케이크빙수

3
월
29
일

휩딸기우유빙수

3
월
30
일

딸기빙수

125

3
월
31
일

두둥실W딸기

# 4月

## April

꽃이 흐드러지게 피어 있는 봄,
꽃놀이 가서도 빙수를 먹는다.

4
월
1
일

April fool
이래 봬도 빙수랍니다.

딸기크렘브륄레빙수

* 'Crème brûlée'은 커스터드 크림과 비슷한 프랑스의 디저트.

4 월 2 일

벚꽃전선에 앞서 벚꽃빙수가 활짝 피어납니다.

벚꽃떡빙수

말차라임빙수

'호오지차(焙じ茶)'는 찻잎을 센 불에 말려 만든 차.

호오지차꿀
콩가루연유빙수

벚꽃빙수

4월 5일

벚꽃빙수

4월 6일

131

4월 7일

벚꽃빙수

4월 8일

벚꽃떡빙수

4월 9일

벚꽃스페셜빙수

4월 10일

벚꽃빙수

민트리큐어벚꽃젤리우유빙수

티라미수빙수

* 'Tiramisù'는 이탈리아 디저트 중의 하나임.

4
월
13
일

감귤믹스얼음빙수

4
월
14
일

오렌지빙수

4
월
15
일

마르코폴로빙수

4
월
16
일

파파이야빙수

딸기숏케이크빙수

4
월
17
일

4
월
18
일

아쌈밀크티빙수

* 'Assam'은 인도 동북부 지방의 홍차 생산지로 유명한 곳임.

4월 19일

바나나캐러멜그레놀라빙수
• 'Granola'은 시리얼의 일종임.

4
월
20
일

콩검정꿀빙수

4
월
21
일

로얄밀크티빙수

4
월
22
일

옐로우매직감식초빙수

4월 23일
용궁의성빙수

4월 24일
바나나생딸기레몬크림우유빙수

4월 25일
귤요구르트빙수

4월 26일
베리베리코코아우유빙수

딸기우유빙수
4월 27일

딸기빙수
4월 28일

139

모카프라페빙수

* 'Mocha frappé'은 커피 메뉴 중의 하나임.

푸딩빙수

맛있는 빙수 가게

# 5月

May

어디서부터
먹는 게 좋을까 ?

여름도 다가오는 입춘으로부터 88일째 되는 날,
이날에 딴 찻잎은 최고급품으로 여기며,
마시면 장수한다고 합니다.

말차팥빙수

미야지마의 단풍계곡이 신록으로
뒤덮일 즈음, 레몬 수확은
최절정기를 맞이합니다.

레몬우유빙수

5
월
3
일

느티나무 가로수의 잎이 움틀 즈음의
'조젠지' 거리에는 '숲의 도시'라는 빙수가
만물이 소생하는 봄을 반갑게 맞이합니다.

말차팥빙수

5
월
4
일

일본열도(日本列島)가 신록으로 뒤덮일 즈음
오키나와는 긴 여름이 시작됩니다.

블루빙수

망고와 달콤한 시럽은
어린이들의 즐거움.
서로 다투며 먹는 모습에
행복을 느끼는 '이와키리' 씨는
오늘은 일단 높게
지붕보다 더 높게 만들어 본다.

망고빙수

베리베리베리
티라미수빙수

• Tiramisù는 이탈리아 디저트의 일종임.

말차가루얼음빙수

5 월 8 일

레몬크림빙수

5 월 9 일

레몬믹스베리레아치즈빙수

5 월 10 일

말차우유빙수

5 월 11 일

레몬우유빙수

말차빙수

리큐빙수

＊'리큐'는 일본의 다도(茶道)의 달인으로서 역사적으로 유명한 인물임.

5
월
14
일

무농약레몬우유빙수

5
월
15
일

레몬우유빙수

5
월
16
일

말차팥빙수

5
월
17
일

말차우유빙수

5월 18일

라이챠 고오리

5월 19일

과일시럽빙수

5월 20일

말차빙수

5월 21일

말차흰소얼음빙수

5월 22일

말차팥빙수

5월 23일

새알심단팥죽빙수

153

5월 24일

말차빙수

5월 25일

말차빙수

5월 26일

진한말차빙수

5월 27일

말차팥빙수

레몬생강빙수

에스프레소빙수

코코아우유빙수

말차새알심우유빙수

# 6月

## June

비를 좀
피해보자꾸나.

망고우유빙수

잘 익은 망고가 그물에 떨어질 즈음
전국의 빙수가게에서는 망고 꽃이 핍니다.

初雪氷削機

157

6
월
2
일

망고요구르트빙수

망고패션빙수

6월 4일

망고레몬우유
요구르트빙수

6월 5일

망고숏케이크빙수

6월 6일

망고레아치즈빙수

6월 7일

오렌지당근빙수

6월 8일

망고우유빙수

6월 9일

망고소스우유빙수

6월 10일

비에 젖은 뜰을 바라보면서
아주 가까이 와 있는 여름날을 생각한다.

망고패션빙수

6월 11일

딸기빙수

6월 12일

망고빙수

달콤한시럽빙수

6월 13일

6월 14일

망고자색고구마빙수

6월 15일

자두빙수

6월 16일

바나나빙수

망고빙수

6월 17일

163

6월
18
일

무농약자두빙수

6월
19
일

무농약귤요구르트
치즈케이크빙수

6월
20
일

살구요구르트
치즈케이크빙수

6월
21
일

하지(夏至)

라즈베리 빙수를 먹으면서
멀리 떨어진 북유럽의 백야(白夜)를 생각한다.

라즈베리빙수

6
월
22
일

커피얼음빙수

6
월
23
일

카카오우유빙수

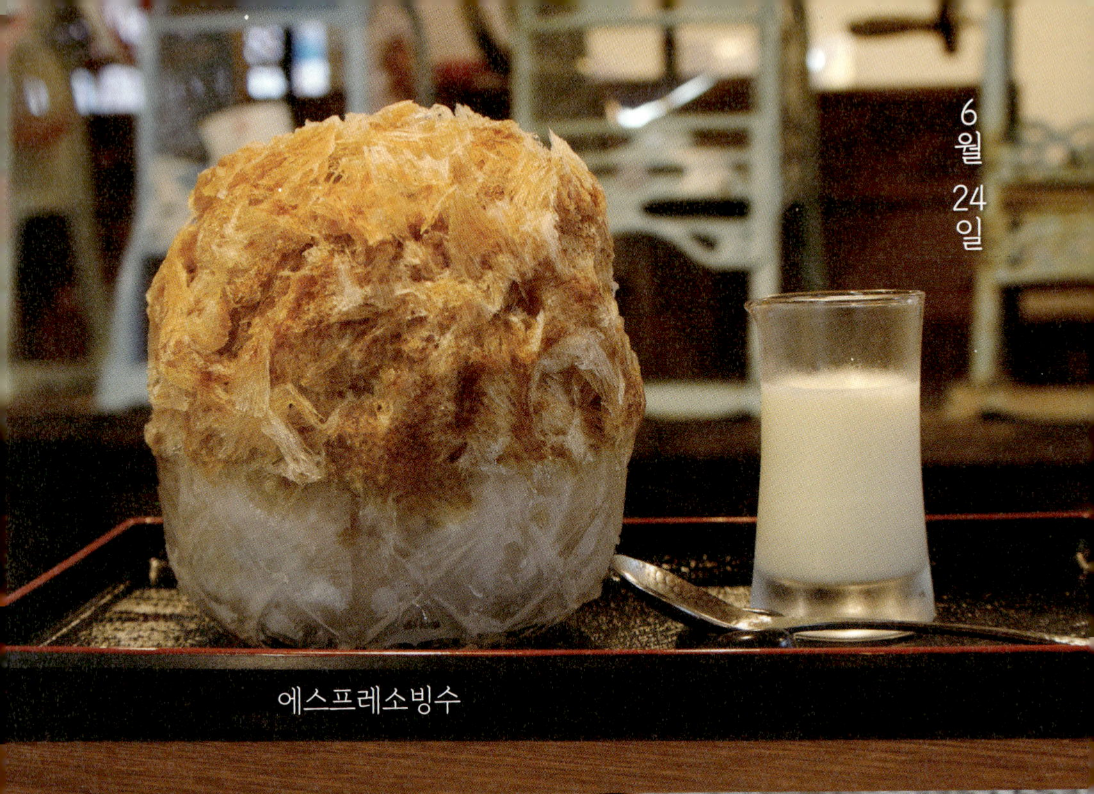

6월 24일

에스프레소빙수

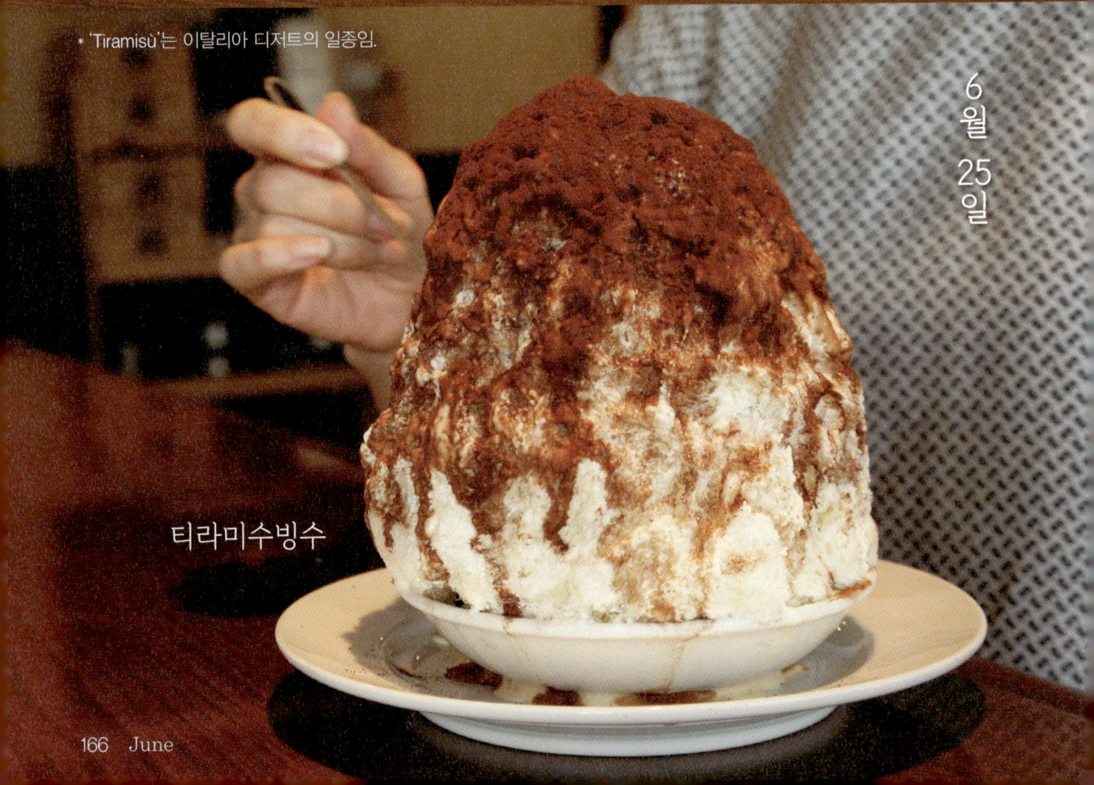

6월 25일

티라미수빙수

* 'Tiramisù'는 이탈리아 디저트의 일종임.

무농약라즈베리
견과빙수

보이즌베리빙수

6
월
28
일

매실얼음빙수

6
월
29
일

산딸기요구르트
치즈케이크빙수

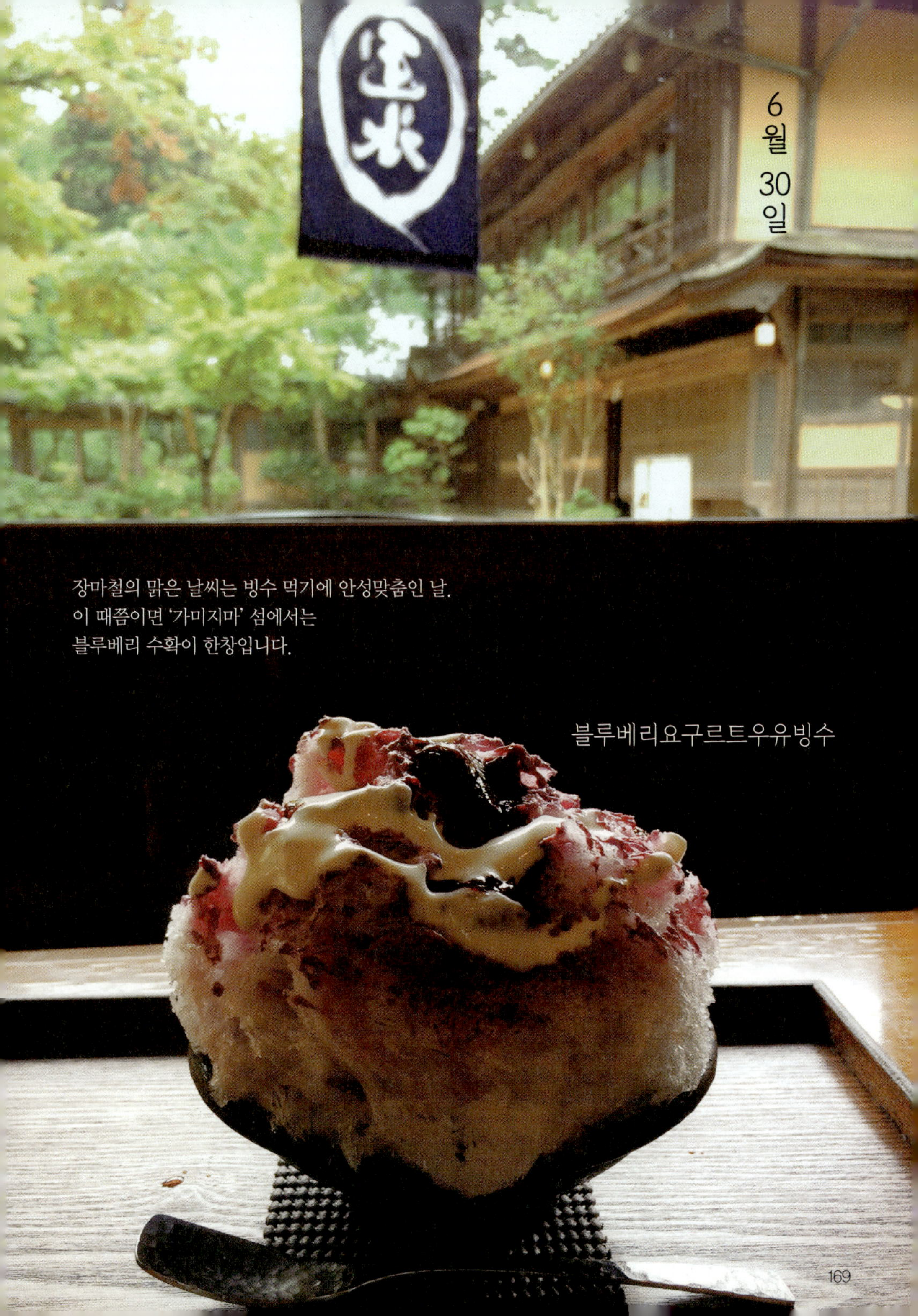

# 6월 30일

장마철의 맑은 날씨는 빙수 먹기에 안성맞춤인 날.
이 때쯤이면 '가미지마' 섬에서는
블루베리 수확이 한창입니다.

블루베리요구르트우유빙수

# 가게명 색인

## A.cocotto
- 가게 정보는 페이스북에서 확인
- 작품 : 10월 2일, 11월 14 · 27일, 12월 20일, 1월 27일, 2월 22일, 4월 15일

## Anjin ( アンジン )
- ☎ 03-3770-1900
- 도쿄토 시부야쿠 사루가쿠쵸 17-5 (東京都渋谷区猿楽町17-5)
- 영업시간 : 9시~26시
- 정기 휴일 : 없음
- 빙수는 7월~9월 중순까지 판매
- 작품 : 8월 2일

## BALLON D'ESSAI ( バロンデッセ )
- ☎ 03-6407-0511
- 도쿄토 세타가야쿠 키타사와 2-30-11 키타사와 빌딩 1층 (東京都世田谷区北沢2-30-11 北沢ビル1F)
- 영업시간 : 평일 11시 30분~21시, 주말과 공휴일 10시 30분~21시
- 정기 휴일 : 월요일
- 작품 : 5월 10 · 29일

## Bum Bun Blau Cafe with Bee Hive
- ☎ 03-6426-8848
- 도쿄토 시나가와쿠 하타노다이 3-12-3(東京都品川区旗の台3-12-3)
- 작품 : 1월 13 · 16 · 19 · 26일, 2월 25 · 26일, 5월 28일

## Cafe& Diningbar 珈茶話 ( かしわ )
- ☎ 0288-41-5876
- 도치기켕 닉코시 이마이치 1147(栃木県日光市今市1147)
- 영업시간 : 11시~16시, 18~24시
- 정기 휴일 : 수요일
- 빙수는 1년 내내 판매
- 작품 : 9월 17일 · 26일

## cocoo cafe ( コクウカフェ )
- ☎ 06-4981-0816
- 오사카시 니시쿠 우츠보 혼마치 2-2-23(大阪市西区靭本町2-2-23)
- 영업시간 : 11시 30분~21시
- 정기 휴일 : 금요일, 둘째와 넷째 일요일
- 빙수는 1년 내내 판매

## DERBAR ( デルベア )
- ☎ 0742-46-7778
- 가게 정보는 페이스북에서 확인
- 작품 : 7월 13일, 8월 10일, 4월 11일

## HACHIKU
- ☎ 비공개
- 도쿄토 토요시마구 니시이케부쿠로 3-32-6 (東京都豊島区西池袋3-32-6)
- 영업시간 : 13시~20시
- 정기 휴일 : 트위터에서 확인
- 빙수는 1년 내내 판매
- 작품 : 7월 25일, 1월 28일, 2월 7일, 3월 329일

## KAKIGORI CAFE ひむろ
- ☎ 0875-82-2101
- 카가와켕 미토요시 니오쵸 니오 오츠 202(香川県三豊市仁尾町仁尾乙202)
- 영업시간 : 11시~18시
- 정기 휴일 : 월요일(공휴일이면 다음 날 화요일), 둘째 주 화요일
- 빙수는 1년 내내 판매
- 작품 : 7월 17 · 18일, 9월 2 · 12일, 11월 21일, 1월 22일, 5월 12일, 6월 27일

## Kotikaze ( コチカゼ )
- ☎ 06-6766-6505
- 오사카시 텐노지쿠 가라키요쵸 2-22(大阪市天王寺区空清町2-22)
- 영업시간 : 8시~18시 30분
- 정기 휴일 : 없음
- 빙수는 4월부터 10월 말까지 판매
- 작품 : 8월 7일, 3월 17일

## 나마이키 ( 生粋 )
- ☎ 03-5817-8929
- 도쿄토 치요다쿠 소토칸다 6-14-7 2F(東京都千代田区外神田6-14-7 2F)
- 영업시간 : 17시~23시(LO)
- 정기 휴일 : 월요일
- 불고기 전문 식당이므로 빙수는 디저트로만 제공
- 작품 : 12월 5~8일

## 나카무라켕 ( 中村軒 )
- ☎ 075-381-2650
- 교토시 니시쿄쿠 가츠라하라쵸 61(京都市西京区桂淺原町61)
- 영업시간 : 9시 30분~18시(LO 17시 45분)
- 정기 휴일 : 수요일(공휴일에는 영업)
- 빙수는 4월 말~9월 말까지 판매
- 작품 : 7월 21일, 8월 12일

## 노구치쇼텡 ( 野口商店 )
- ☎ 06-6301-0749
- 오사카시 요도가와쿠 쥬소히가시 4-4-1(大阪市淀川区十三東4-4-1)
- 영업시간 : 10시~19시(7, 8월의 일요일과 공휴일은 13시~18시)

- 정기 휴일 : 5, 6, 9, 10월은 일요일과 공휴일
- 빙수는 5월 초순~10월 중순까지 판매
- 작품 : 8월 1 · 20~25일, 9월 25일

## 누노하시（ぬのはし）

☎ 053-473-1821
- 시즈오카켕 하마마츠시 나카쿠 누노하시 2-10-3(静岡県浜松市中区布橋2-10-3)
- 영업시간 : 10시 30분~18시
- 정기 휴일 : 수요일
- 빙수는 1년 내내 판매
- 작품 : 7월 27일

## 니죠와카사야 데라마치텡（二條若狹屋 寺町店）

☎ 075-256-2280
- 교토시 나카교쿠 테라마치 도오리 니죠사가루 에노키쵸 67(京都市中京区寺町通二條下ル榎木町67)
- 영업시간 : 10시~17시(LO 16시 30분)
- 정기 휴일 : 수요일
- 빙수는 1년 내내 판매
- 작품 : 5월 13일, 3월 19일, 4월 14일

## 다코하치（たこ八）

☎ 03-5545-5085
- 도쿄토 미나토쿠 히가시아자부 2-24-6 기무라 아자부빌딩 1층(東京都港区東麻布2-24-6 木村麻布ビル1F)
- 영업시간 : 17시~24시(LO)
- 정기 휴일 : 일요일
- 빙수는 1년 내내 판매
- 작품 : 10월 18일

## 마츠시타 킷친（松下キッチン）

☎ 비공개
- 오사카시 히가시나리쿠 히가시오바세 1-18-32(大阪市東成区東小橋1-18-32)
- 영업시간 : 10시~20시
- 정기 휴일 : 없음
- 작품 : 6월 23일

## 메구로 히이라기（目黒ひいらぎ）

☎ 03-6412-7945
- 도쿄토 메구로쿠 다카방 3-18-3(東京都目黒区鷹番3-18-3)
- 영업시간 : 11시~20시, 일 · 공휴일 11시~19시
- 정기 휴일 : 화요일
- 빙수는 6월~9월 판매
- 작품 : 8월 17일

## 모리노엔（森乃園）

☎ 03-3667-2666
- 도쿄토 츄오쿠 니홈바시 닝교쵸 2-4-9(東京都中央区日本橋人形町2-4-9)
- 영업시간 : 평일 12시~17시(LO), 토 · 일요일은 11시 30분~17시(LO)

---

- 정기 휴일 : 없음(연초에만 쉼)
- 빙수는 6월 말~9월 초순
- 작품 : 5월 24일, 8월 26일

## 미소라야 카페（みそらやcafe）

☎ 0967-67-2066
- 구마모토켕 아소궁 미나미아소무라 카인 3978-1(熊本県阿蘇郡南阿蘇村河陰3978-1)
- 영업시간 : 11시~17시(LO 17시)
- 정기 휴일 : 수 · 목요일
- 빙수는 4월~11월까지 판매
- 작품 : 5월 17일, 8월 4 · 8 · 9일, 10월 25 · 27일, 11월 8일, 4월 6일

## 봉쿠라（梵くら）

☎ 022-346-9027
- 미야기켕 센다이시 아오바쿠 타치마치 23-14 수큐에아빌딩 3F(宮城県仙台市青葉区立町23-14 アクエアビル3F)
- 영업시간 : 겨울철 12시~18시, 여름철 11시부터 (시럽 떨어지면 마감)
- 정기 휴일 : 월요일
- 빙수는 1년 내내 판매
- 작품 : 5월 3 · 6 · 14일, 6월 1 · 18~21 · 26 · 29일, 7월 20 · 26일, 8월 6일, 9월 22 · 30일, 10월 31일, 11월 4 · 5일, 12월 1 · 12 · 16 · 26일, 1월 17 · 21일, 2월 5 · 9 · 14 · 16 · 23일, 3월 13일, 4월 27일

## 빠라공（パラゴン）

☎ 0996-32-1776
- 가고시마켕 이치키쿠시키노시 쇼와도오리 102(鹿児島県いちき串木野市昭和通102)
- 영업시간 : 12시~24시(LO 23시)
- 정기 휴일 : 화요일과 첫째 월요일
- 빙수는 하지(6월 21일)~추분(9월 22일)까지
- 작품 : 8월 14일, 4월 29일

## 빠라마루밋토（パーラーマルミット）

☎ 0980-53-2190
- 오키나와켕 나고시 미야자토 5-2-7(沖縄県名護市宮里5-2-7)
- 영업시간 : 11시~18시
- 정기 휴일 : 일요일
- 빙수는 1년 내내 판매
- 작품 : 10월 12일

## 빠라밈삐카（パーラーミンピカ）

☎ 비공개
- 오키나와켕 야에야마궁 다케토미쵸 하테루마 465(沖縄県八重山郡竹富町波照間465)
- 영업시간 : 11시~13시, 14시 30분~16시 30분
- 정기 휴일 : 목요일
- 빙수는 1년 내내 판매
- 작품 : 5월 4일, 6월 17일, 9월 16일, 10월 10일

## 사스케(佐助)

☎ 0287-41-6101
- 도치기켕 시오야궁 시오야마치 오아자 후뉴 3733-1(栃木県塩谷郡塩谷町大字船生3733-1)
- 영업시간 : 10시~17시
- 정기 휴일 : 월요일
- 빙수는 1년 내내 판매
- 작품 : 7월 23일, 8월 30일, 3월 30일, 4월 23일

## 사쿠라 효오카텡(さくら氷菓店)

☎ 080-1176-0039
- 이바라키켕 츠치우라시 죠호쿠마치 14-9(茨城県土浦市城北町14-9)
- 영업시간 : 15시~20시, 토ㆍ일은 13시~15시 30(여름철엔 변동 있음)
- 정기 휴일 : 없음
- 빙수는 1년 내내 판매
- 작품 : 8월 11ㆍ18ㆍ27일, 9월 21일, 11월 7ㆍ11ㆍ29일, 12월 15일, 1월 9ㆍ20ㆍ24일, 2월 18ㆍ27ㆍ28일, 3월 28일, 5월 7일

## 세바스챤(セバスチャン)

☎ 03-5738-5740
- 도쿄토 시부야쿠 가미야마쵸 7-15(東京都渋谷区神山町7-15)
- 영업시간 : 트위터나 전화로 확인
- 정기 휴일 : 없음
- 빙수는 1년 내내 판매
- 작품 : 7월 3일, 12월 4ㆍ23일, 1월 31일, 2월 6일, 3월 15일, 4월 1ㆍ8ㆍ17일, 5월 9일, 6월 5ㆍ6ㆍ25일

## 센니치(千日)

☎ 098-868-5387
- 오키나와켕 나하시 구메 1-7-14(沖縄県那覇市久米1-7-14)
- 영업시간 : 6월 말~9월 말까지 11시 30분~20시, 10월~6월 중순까지 11시 30분~19시
- 정기 휴일 : 월요일(공휴일에는 영업하며 다음 날 휴업)
- 빙수는 1년 내내 판매
- 작품 : 10월 13일

## 스즈카케혼텡(鈴懸本店)

☎ 092-291-0050
- 후쿠오카켕 후쿠오카시 하카타쿠 가미카와바타마치 12-20(福岡県福岡市博多区上川端町12-20)
- 영업시간 : 11시~20시(LO 19시)
- 정기 휴일 : 설날
- 빙수는 5월 초~9월 말까지 판매
- 작품 : 7월 22ㆍ29일

## 시루켓챠노(しるけっちゃーの)

☎ 0235-24-3632
- 야마가타켕 츠루오카시 카츄심마치 10-18(치도박물관 옆)(山形県鶴岡市家中新町10-18)

- 영업시간 : 9시~16시 30분
- 정기 휴일 : 목요일
- 빙수는 6월~10월(식자재 상황에 따라 변동 가능)
- 작품 : 4월 20ㆍ22일

## 시루코 입뻬이(しるこ一平)

☎ 0952-25-0535
- 사가켕 사가시 시라야마 1-2-20(佐賀県佐賀市白山1-2-20)
- 영업시간 : 11시~19시(LO 18시 30분)
- 정기 휴일 : 없음
- 빙수는 1년 내내 판매
- 작품 : 5월 23일, 10월 15~17일

## 시무라(志むら)

☎ 03-3953-3388
- 도쿄켕 도시마쿠 메지로 3-13-3(東京都豊島区目白3-13-3)
- 영업시간 : 평일 10시~18시 30분(LO), 공휴일 10시~17시 30분(LO)
- 정기 휴일 : DLF요일
- 빙수는 4월~10월, 겨울철엔 천연 얼음 입하에 따라 변동 가능
- 작품 : 10월 1ㆍ6일, 12월 31일, 2월 3일

## 아사쿠사 나니와야(浅草浪花家)

☎ 03-3842-0988
- 도쿄토 다이토쿠 아사쿠사 2-12-4(東京都台東区浅草2-12-4)
- 영업시간 : 10시~19시
- 정기 휴일 : 화요일
- 빙수는 1년 내내 판매
- 작품 : 10월 19일, 11월 15ㆍ19ㆍ24일, 12월 10일, 1월 8ㆍ11ㆍ15일, 2월 21일, 5월 8ㆍ22일

## 아카네앙(茜庵)

☎ 0886-25-8866
- 도쿠시마켕 도쿠시마시 도쿠시마쵸 3-44(徳島県徳島市徳島町3-44)
- 영업시간 : 9시~19시(빙수는 10시~17시)
- 정기 휴일 : 설날
- 빙수는 6월 중순~8월 말까지 판매
- 작품 : 7월 28일

## 아카와니(赤鰐)

☎ 058-264-9552
- 기후켕 기후시 야하타 13(岐阜県岐阜市八幡13)
- 영업시간 : 11시30분~20시(LO 19시 30분)
- 정기 휴일 : 수요일
- 빙수는 1년 내내 판매
- 작품 : 7월 1일, 9월 20일, 3월 2ㆍ5일, 5월 11일

## 앙카라앙(あんから庵)

☎ 089-935-8858
- 에히메켕 마츠야마시 니반쵸 2-5-11(愛媛県松山市二番町2-5-11)

- 영업시간 : 11시～20시
- 정기 휴일 : 금요일, 첫째 · 셋째 목요일
- 빙수는 4월 중순～10월 말까지 판매
- 작품 : 9월 5 · 8일, 10월 28일

## 야마구치 구다모노（山口果物）

☎ 06-6191-6450
- 오사카시 츄오쿠 우에홈마치니시 2-1-9 코에이 빌딩 1층（大阪市中央区上本町西2-1-9宏榮ビル 1F）
- 영업시간 : 10시～20시(LO 19시 30분)
- 정기 휴일 : 없음
- 빙수는 1년 내내 판매
- 작품 : 2월 17일, 3월 18일, 6월 3일

## 오마치도（おまち堂）

☎ 086-262-5660
- 오카야마켕 오카야마시 미나미쿠 후쿠하마니시마치 1-1（岡山県岡山市南区福浜西町1-1）
- 영업시간 : 여름철 10시～19시/겨울철 11시～18시
- 정기 휴일 : 수요일
- 빙수는 1년 내내 판매
- 작품 : 9월 1 · 23일, 10월 5일, 6월 8일

## 오마치도오& FRUTAS（おまち堂& FRUTAS）

☎ 086-246-3686
- 오카야마켕 오카야마시 키타쿠 토이야쵸 12-101（岡山県岡山市北区問屋町12-101）
- 영업시간 : 10시～19시
- 정기 휴일 : 없음
- 빙수는 1년 내내 판매
- 작품 : 12월 28일, 3월 23일

## 오챠노코（おちゃのこ）

☎ 0742-24-2580
- 나라켕 나라시 고니시쵸 35-2（奈良県奈良市小西町35-2）
- 영업시간 : 10시～20시
- 정기 휴일 : 매월 셋째 수요일, 설날
- 빙수는 1년 내내 판매
- 작품 : 11월 18일, 12월 18일, 1월 14일, 3월 8 · 10일, 4월 21일, 5월 18 · 26일, 6월 12일

## 오챠토사케 다스키（お茶と酒たすき）

☎ 075-531-2700
- 교토시 히가시야마쿠 스에요시쵸 77-6（京都市東山区末吉町77-6）
- 영업시간 : 11시～19시(LO 18시30분)
- 정기 휴일 : 없음
- 빙수는 1년 내내 판매
- 작품 : 4월 2～4일

## 와·카페 호류지텡（和·カフェ螢茶園）

☎ 0979-56-2161

- 오이타켕 나카츠시 야바케이마치 오아자 가나요시 3713（大分県中津市耶馬渓町大字金吉3713）
- 영업시간 : 12시～16시 30분(LO 16시)
- 정기 휴일 : 월요일(12월～2월은 휴업)
- 빙수는 3월～11월까지 판매
- 작품 : 8월 3 · 29 · 31일, 9월 6 · 9 · 11 · 18 · 27일, 10월 22일, 11월 10 · 12일, 3월 11 · 21일, 4월 16 · 28일, 6월 15일

## 우메노마（うめのま）

☎ 092-726-6119
- 후쿠오카켕 후쿠오카시 츄오쿠 와타나베 도오리 3-1-16（福岡県福岡市中央区渡辺通3-1-16）
- 영업시간 : 11시～19시
- 정기 휴일 : 수요일
- 빙수는 6월～9월 말까지 판매
- 작품 : 10월 9 · 26일, 5월 19일, 6월 28일

## 유키우사기（雪うさぎ）

☎ 03-3410-7007
- 도쿄토 세타가야쿠 고마자와 3-18-2（東京都世田谷区駒沢3-18-2）
- 영업시간 : 11시 30분～23시
- 정기 휴일 : 월요일
- 빙수는 1년 내내 판매
- 작품 : 8월 19 · 28일, 9월 28일, 10월 8일, 11월 1 · 20 · 30일, 12월 14일, 1월 3 · 30일, 2월 13일, 3월 16 · 24일, 4월25일

## 이쵸노키（いちょうの木）

☎ 090-8818-2835
- 도쿄토 시나가와쿠 기타시나가와 1-28-14（東京都品川区北品川1-28-14）
- 영업시간 : 11시 30분～16시(LO)
- 정기 휴일 : 목요일
- 빙수는 1년 내내 판매
- 작품 : 9월 15일, 6월 14일

## 제네레（ジェネレ）

☎ 083-932-0180
- 야마구치켕 야마구치시 니시키쵸 5-25（山口県山口市錦町5-25）
- 영업시간 : 11시～19시(LO 18시30분)
- 정기 휴일 : 월요일
- 빙수는 5월 중순～9월 중순까지 판매
- 작품 : 6월 10 · 11일

## 중킷사쵸오쥬（純喫茶長壽）

☎ 083-972-0567
- 야마구치켕 야마구치시 오고리시모고 메이지니시 1248-1（山口県山口市小郡下郷明治西1248-1）
- 영업시간 : 9시 30분～19시(LO 18시30분)
- 정기 휴일 : 일요일
- 빙수는 6월～9월까지 판매
- 작품 : 5월 20일

## 지겐（慈げん）

- 가게 정보는 트위터에서 확인
- 작품 : 7월 2·6·7·9～11·30일, 8월 5·13·16일, 11월 2·6·16·17·28일, 12월 9·11·13·29·30일, 1월 1·10일, 2월 11일, 3월 1·7·14일, 4월 5·19·24·26·30일, 5월 1·30일, 6월 4·7·13·24일

## 치모토（ちもと）

- ☎ 03-3718-4643
- 도쿄토 메구로쿠 야쿠모 1-4-6(東京都目黒区八雲1-4-6)
- 영업시간 : 10시～18시
- 정기 휴일 : 목요일
- 빙수는 7월 중순～9월 중순 판매
- 작품 : 7월 19일

## 카니동（かにどん）

- ☎ 086-233-8982
- 오카야켕 오카야마시 기타쿠 오모테쵸 2-2-64(岡山県岡山市北区表町2-2-64)
- 영업시간 : 10시 30분～19시 30분
- 정기 휴일 : 화요일(공휴일에는 영업하며 다음 날 휴업)
- 빙수는 1년 내내 판매
- 작품 : 9월 14·19일

## 카란도오（伽藍堂）

- ☎ 077-537-7433
- 시가켕 오츠시 마츠바라쵸 9-29(滋賀県大津市松原町9-29)
- 영업시간 : 10시～매진되면 종료
- 정기 휴일 : 수요일
- 빙수는 4월 중순～10월 초순까지 판매
- 작품 : 6월 9일, 7월 8일, 10월 7·20일

## 카스가노가마（春日野窯）

- ☎ 0742-23-3557
- 나라켕 나라시 카스가쵸 158-9(奈良県奈良市春日野町158-9)
- 영업시간 : 11시～17시
- 정기 휴일 : 화·수·목요일
- 빙수는 5월～10월 판매
- 작품 : 9월 4일

## 카페놉푸（カフェノップゥ）

- ☎ 045-532-9795
- 가나가와켕 요코하마시 아오바쿠 아자미노 2-28-10(神奈川県横浜市青葉区あざみ野2-28-10)
- 영업시간 : 10시～18시 30분(LO)
- 정기 휴일 : 화요일(공휴일에는 영업하며 다음 날 휴업)
- 빙수는 1년 내내 판매
- 작품 : 3월 26일, 4월 10일

## 코오리야 삐이스（氷屋ぴぃす）

- ☎ 090-2333-3303
- 도쿄토 무사시노시 기치죠지 미나미쵸 1-9-9(東京都武蔵野市吉祥寺南町1-9-9)
- 영업시간 : 14시～21시, 토/일요일은 12시～19시
- 정기 휴일 : 월요일
- 빙수는 1년 내내 판매
- 작품 : 7월 4일, 12월 21·22·24일, 1월 4·5일, 2월 2·4일, 3월 31일

## 코하루 카페（小春CAFE）

- ☎ 082-942-5861
- 히로시마켕 히로시마시 나카쿠 에노마치 11-1(広島県広島市中区榎町11-1)
- 영업시간 : 11시～17시
- 정기 휴일 : 목요일
- 빙수는 6월～9월(단, 크림팥죽은 1년 내내) 판매
- 작품 : 5월 15일, 7월 12일, 10월 4·29일

## 쿠라후토 카페（クラフトカフェ）

- ☎ 048-882-0696
- 사이타마켕 사이타마시 미나미쿠 다이타쿠보 1695-1(埼玉県さいたま市南区太田窪1695-1)
- 영업시간 : 12시～16시 45분(LO), 토·일·공휴일은 12시～17시
- 정기 휴일 : 목요일(여름철엔 휴일 없음)
- 빙수는 4월～9월 판매(10월～3월은 이벤트 기간에만 한정 판매)
- 작품 : 5월 27일, 6월 16일, 7월 5일, 9월 24일, 11월 9·13일, 12월 2·17·27일, 1월 2·6·7·23·29일, 2월 12·20일, 3월 12·27일

## 쿠리야카시 구로기（厨菓子くろぎ）

- ☎ 03-5802-5577
- 도쿄토 붕쿄쿠 홍고 7-3-1(東京都文京区本郷7-3-1)
- 영업시간 : 9시～19시(LO 18시30분)
- 정기 휴일 : 없음
- 빙수는 9월까지 판매(10월 이후는 판매 미정)
- 작품 : 11월 3일, 2월 1·15일, 3월 25일, 4월 7일

## 키온니치（祇園日）

- ☎ 075-525-7128
- 교토시 히가시야마쿠 기온마치 미나미가와 570-8(京都市東山区祇園町南側570-8)
- 영업시간 : 11시～18시(LO 17시30분)
- 정기 휴일 : 수요일
- 빙수는 1년 내내 판매
- 작품 : 10월 30일, 3월 20일, 4월 12일

## 타마고오리（玉氷）

- ☎ 0829-44-2233
- 히로시마켕 하츠카이치시 미야지마쵸 모미지다니(広島県廿日市市宮島町もみじ谷(旅館·岩惣)

- 영업시간 : 10시～17시
- 정기 휴일 : 없음
- 빙수는 여름철에만 판매
- 작품 : 7월 14·16일, 9월 7일, 10월 3·14일, 5월 2·16일, 6월 2·30일

## 템몽캉 무쟈키(天文館むじゃき)

☎ 099-222-6904
- 가고시마켕 가고시마시 센니치쵸 5-8 템몽캉 무쟈키 빌딩(鹿児島県鹿児島市千日町5-8天文館むじゃきビル)
- 영업시간 : 11시～21시 30분
- 정기 휴일 : 없음
- 빙수는 1년 내내 판매
- 작품 : 7월 24일, 8월 15일

## 토토앙(ととあん)

☎ 0848-22-5303
- 히로시마켕 오노미치시 츠치도 1-10-2(広島県尾道市土堂1-10-2)
- 영업시간 : 10시 30분～18시 30분(LO 18시)
- 정기 휴일 : 목요일
- 빙수는 4월～10월 판매
- 작품 : 7월 15일, 10월 23일

## 티하우스 마유루 미야자키 다이텡(ティハウスマユール宮崎店)

☎ 044-854-2430 (여름철엔 전화 응대 불가)
- 가나가와켕 가와사키시 미야마에쿠 미야자키 2-3-12(神奈川県川崎市宮前区宮崎2-3-12)
- 영업시간 : 11시～27시(LO), 토·일·공휴일은 11시～16시(LO)
- 정기 휴일 : 없음
- 빙수는 1년 내내 판매
- 작품 : 9월 29일, 11월 25일, 12월 19·25일, 1월 18·25일, 2월 8·10·19·24일, 3월 4일, 4월 9일

## 학쇼 우동(百姓うどん)

☎ 0985-53-6759
- 미야자키켕 미야자키시 오츠카쵸 미다레바시 4502-1(宮崎県宮崎市大塚町亂橋4502-1)
- 영업시간 : 7시～19시 30분(빙수는 19시까지)
- 정기 휴일 : 화요일
- 빙수는 4월 말～10월 둘째 주 일요일까지
- 작품 : 5월 5일

## 학카쿠도오(八角堂)

☎ 072-261-8919
- 오사카후 사카이시 사카이쿠 가미이시이치노쵸 19-2(大阪府堺市堺区神石市之町19-2)
- 영업시간 : 10시～18시
- 정기 휴일 : 화요일(공휴일에는 영업)
- 빙수는 1년 내내 판매
- 작품 : 9월 13일

## 호오세키바코

☎ 0742-93-4260
- 나라켕 나라시 모치이도노쵸 12(奈良県奈良市餅飯殿町12)
- 영업시간 : 11시～19시(LO 18시)
- 정기 휴일 : 목요일
- 빙수는 1년 내내 판매
- 작품 : 9월 10일, 11월 26일, 12월 3일, 1월 12일, 3월 6·9일, 4월 13·18일, 5월 21·25일

## 호테이챠야(ほてい茶屋)

☎ 088-822-5581
- 고치켕 고치시 오비야마치 2-3-1 히로메이치바 나이(高知県高知市帯屋町2-3-1 ひろめ市場内)
- 영업시간 : 10시～22시
- 정기 휴일 : 없음
- 빙수는 1년 내내 판매
- 작품 : 10월 24일

## 효오샤 마마토코(氷舍mamatoko)

- 가게 정보는 페이스북에서 확인
- 작품 : 7월 31일, 9월 3일

## 히가시쇼쿠도(ひがし食堂)

☎ 0980-53-4084
- 오키나와켕 나고시 오히가시 2-7-1(沖縄県名護市大東2-7-1)
- 영업시간 : 11시～19시(LO 18시 30분)
- 정기 휴일 : 설날과 오봉
- 빙수는 1년 내내 판매
- 작품 : 10월 11일

## 히라소오 호류지텡(平宗 法隆寺店)

☎ 0745-75-1110
- 나라켕 이코마궁 이카루가쵸 호류지 1-8-40(奈良県生駒郡斑鳩町法隆寺1-8-40)
- 영업시간 : 11시～17시(LO 16시)
- 정기 휴일 : 없음
- 빙수는 1년 내내 판매
- 작품 : 11월 22·23일, 3월 22일

## 히마리(緋毬)

☎ 052-961-6082
- 아이치켕 나고야시 나카쿠 사카에 3-4-6 사카에 치카나이(愛知県名古屋市中区栄3-4-6 サカエチカ内)
- 영업시간 : 10시～20시(LO 19시 45분)
- 정기 휴일 : 설날
- 빙수는 1년 내내 판매
- 작품 : 10월 21일, 5월 31일

| 날짜 | 빙수이름(일본식이름/원어) | 가게명[지명] |
|---|---|---|
| 1월 1일 | 설날빙수(쇼오가츠 고오리 2015) | 지겐(慈げん) [구마가야(熊谷)] |
| 1월 2일 | 설날빨갛게물든후지산빙수(쇼오가츠 고오리·아카후지) | 쿠라후토 카페(クラフトカフェ) [우라와(浦和)] |
| 1월 3일 | 설날감주빙수(쇼오가츠 고오리·아마자케 다이긴죠오) | 유키우사기(雪うさぎ) [코마자와(駒沢)] |
| 1월 4일 | 설날청주빙수(쇼오가츠고오리·다이긴죠오+닷사이) | 코오리야 삐이스(氷屋ぴいす) [도쿄 기치죠오지(吉祥寺)] |
| 1월 5일 | 설날구보타만쥬빙수(쇼오가츠 고오리·구보타만쥬) | 코오리야 삐이스(氷屋ぴいす) [도쿄 기치죠오지(吉祥寺)] |
| 1월 6일 | 설날검은콩말차우유빙수(쇼오가츠 고오리·구로마메맛차 미루쿠) | 쿠라후토 카페(クラフトカフェ) [우라와(浦和)] |
| 1월 7일 | 설날귤소우유빙수(쇼오가츠 고오리·미캉양) | 쿠라후토 카페(クラフトカフェ) [우라와(浦和)] |
| 1월 8일 | 설날하얀소귤빙수(쇼오가츠 고오리·시로안토 미캉) | 아사쿠사 나니와야(あさくさ浪花家) [아사쿠사(浅草)] |
| 1월 9일 | 백설탕빙수(와삼봉) | 사쿠라 효오카텐(さくら氷菓店) [츠치우라(土浦)] |
| 1월 10일 | 백설탕빙수(와삼봉) | 지겐(慈げん) [구마가야(熊谷)] |
| 1월 11일 | 콩가루빙수(기나코) | 아사쿠사 나니와야(あさくさ浪花家) [아사쿠사(浅草)] |
| 1월 12일 | 호박진주우유빙수(고햐쿠 파아루 미루쿠) | 호오세키바코(ほうせき箱) [나라(奈良)] |
| 1월 13일 | 티라미수빙수(티라미수) | Bum Bun Blau Cafe with Bee Hive [도쿄 시나가와(品川)] |
| 1월 14일 | 어린새싹빙수(와카쿠사 고오리) | 오챠노코(おちゃのこ) [나라(奈良)] |
| 1월 15일 | 화이트검은콩빙수(호와이토 구로마메) | 아사쿠사 나니와야(あさくさ浪花家) [아사쿠사(浅草)] |
| 1월 16일 | 수제콩가루흑설탕빙수(지카세이 이사우스 히키 기나코& 오키나와 사토오키비 100% 고쿠토오) | Bum Bun Blau Cafe with Bee Hive [도쿄 시나가와(品川)] |
| 1월 17일 | 흑설탕생강빙수(교쿠토오 쇼오가) | 봉쿠라(梵くら) [센다이(仙台)] |
| 1월 18일 | 검정깨규우히우유빙수(구로고마 규우히 미루쿠) | 티하우스 마유루 미야자키 다이텡(ティーハウスマユール宮崎台店) [카와사키(川崎)] |
| 1월 19일 | 피스타치오무스빙수(피스타치오 에스푸마) | Bum Bun Blau Cafe with Bee Hive [도쿄 시나가와(品川)] |
| 1월 20일 | 생귤빙수(나마미캉) | 사쿠라 효오카텐(さくら氷菓店) [츠치우라(土浦)] |
| 1월 21일 | 한라봉우유빙수(데코퐁 미루쿠) | 봉쿠라(梵くら) [센다이(仙台)] |
| 1월 22일 | 소호귤빙수(소호미캉) | 가키고오리 카페 히무로(KAKIGORI CAFE ひむろ) [카가와(香川)] |
| 1월 23일 | 레아치즈귤빙수(레아치즈 미캉) | 쿠라후토 카페(クラフトカフェ) [우라와(浦和)] |
| 1월 24일 | 바나나캐러멜빙수(바나나 캬라메루) | 사쿠라 효오카텐(さくら氷菓店) [츠치우라(土浦)] |
| 1월 25일 | 감주빙수(아마자케) | 티하우스 마유루 미야자키 다이텡(ティーハウスマユール宮崎台店) [카와사키(川崎)] |
| 1월 26일 | 호박고구마미숫가루캐러멜소스빙수(안노오 야키이모 고가시 캬라메루 소스) | Bum Bun Blau Cafe with Bee Hive [도쿄 시나가와(品川)] |
| 1월 27일 | 감자캐러멜빙수(오이모 미타라시 카라메루) | A.cocotto [나고야(名古屋)] |
| 1월 28일 | 자색고구마빙수(무라사키 이모) | HACHIKU [도쿄 이케부쿠로(池袋)] |
| 1월 29일 | 달콤한감자와사과파이빙수(스위토 포테토& 압푸루 파이) | 쿠라후토 카페(クラフトカフェ) [우라와(浦和)] |
| 1월 30일 | 팥빙수(나루토 킨토키) | 유키우사기(雪うさぎ) [코마자와(駒沢)] |
| 1월 31일 | 피스타치오화이트초콜케이크빙수(피스타치오토 호와이토 초코레토 후람보와즈노 악세스) | 세바스챤 [시부야(渋谷)] |
| 2월 1일 | 흰초콜릿빙수(시로쵸코) | 쿠리야카시 쿠로기(廚菓子くろぎ) [홍고오(本郷)] |
| 2월 2일 | Happy my Valentine빙수 | 코오리야 삐이스(氷屋ぴいす) [도쿄 기치죠오지(吉祥寺)] |

| 날짜 | 빙수이름(일본식이름/원어) | 가게명[지명] |
|---|---|---|
| 2월 3일 | 휘파람새빙수(우구이스) | 시무라(志むら) [메지로(目白)] |
| 2월 4일 | 복(福)은 집 안으로 들어오고 (후쿠와 우치) | 코오리야 삐이스(氷屋ぴぃす) [도쿄 기치죠오지(吉祥寺)] |
| 2월 5일 | 무농약자색고구마프로마쥬치즈우유팥빙수(무노오쿠무라사키이모 킨토키 미루쿠 후로마쥬) | 봉쿠라(梵くら) [센다이(仙台)] |
| 2월 6일 | 딸기숏케이크초콜릿휩빙수(이치고노 쇼오토 케에키 쇼코라 호입푸) | 세바스챤 [시부야(渋谷)] |
| 2월 7일 | 아보카도견과빙수(아보 낫츠) | HACHIKU [도쿄 이케부쿠로(池袋)] |
| 2월 8일 | 마사라챠이빙수(마사라 챠이) | 티하우스 마루루 미야자키 다이텡(ティーハウス マユール宮崎台店) [카와사키(川崎)] |
| 2월 9일 | 밸런타인 한정 딸기&블랙초콜릿크래시아몬드빙수(바렌타인 한정 2015 스토로베리 초코레토 & 부락쿠 초코레토 & 쿠랏슈아몬도) | 봉쿠라(梵くら) [센다이(仙台)] |
| 2월 10일 | 발렌타인빙수(바렌타인 고오리) | 티하우스 마루루 미야자키 다이텡(ティーハウス マユール宮崎台店) [카와사키(川崎)] |
| 2월 11일 | 발렌타인베리베리초콜릿캐러멜빙수(2015 바렌타인 고오리 베리베리초코토 카라메루) | 지겐(慈げん) [구마가야(熊谷)] |
| 2월 12일 | 발렌타인티라미수빙수(바렌타인 티라미수) | 쿠라후토 카페(クラフトカフェ) [우라와(浦和)] |
| 2월 13일 | 발렌타인빙수(바렌타인 고오리 2016) | 유키우사기(雪うさぎ) [코마자와(駒沢)] |
| 2월 14일 | 발렌타인 한정 블랙초콜릿비타캐러멜초콜릿빙수(바렌타인 겐테이 2016 부락쿠초코레토 & 비타카라메루 초코레토) | 봉쿠라(梵くら) [센다이(仙台)] |
| 2월 15일 | 검정꿀콩가루빙수(구로미츠 기나코) | 쿠리야카시 쿠로기(廚菓子くろぎ) [홍고오(本郷)] |
| 2월 16일 | 블러드오렌지빙수(부랏도 오렌지) | 봉쿠라(梵くら) [센다이(仙台)] |
| 2월 17일 | 키위빙수(키우이) | 야마구치 구다모노(山口果物(やまぐちくだもの)) [오사카(大阪)] |

| 날짜 | 빙수이름(일본식이름/원어) | 가게명[지명] |
|---|---|---|
| 2월 18일 | 푸린쨩빙수(푸린쨩) | 사쿠라 효오카텡(さくら氷菓店) [츠치우라(土浦)] |
| 2월 19일 | 유자백설탕빙수(유와삼봉) | 티하우스 마루루 미야자키 다이텡(ティーハウス マユール宮崎台店) [카와사키(川崎)] |
| 2월 20일 | 후츠치즈캐러멜빙수(펩파 치즈 카라멜) | 쿠라후토 카페(クラフトカフェ) [우라와(浦和)] |
| 2월 21일 | 고구마빙수(오이모) | 아사쿠사 나니와야(あさくさ 浪花家) [아사쿠사(浅草)] |
| 2월 22일 | 차와꿀견과빙수(챠이 하니 낫츠) | A.cocotto [나고야(名古屋)] |
| 2월 23일 | 프로마쥬치즈우유빙수(안노오이모 킨토키 미루쿠 후로마쥬) | 봉쿠라(梵くら) [센다이(仙台)] |
| 2월 24일 | 아보카도우유빙수(아보카도 미루쿠) | 티하우스 마루루 미야자키 다이텡(ティーハウス マユール宮崎台店) [카와사키(川崎)] |
| 2월 25일 | 아보카도두유생캐러멜소스빙수(아보카도 도오뉴우 나마카라메루 소스) | Bum Bun Blau Cafe with Bee Hive [도쿄 시나가와(品川)] |
| 2월 26일 | 믹스견과빙수(믹스낫츠) | Bum Bun Blau Cafe with Bee Hive [도쿄 시나가와(品川)] |
| 2월 27일 | 칼피스프리미엄빙수(카루피스 푸레미아무) | 사쿠라 효오카텡(さくら氷菓店) [츠치우라(土浦)] |
| 2월 28일 | 믹스베리빙수(믹스베리) | 사쿠라 효오카텡(さくら氷菓店) [츠치우라(土浦)] |
| 3월 1일 | 딸기삼매경(이치고 삼마이) | 지겐(慈げん) [구마가야(熊谷)] |
| 3월 2일 | 딸기딜럭스빙수(이치고 데락스) | 아카와니(赤鰐) [기후(岐阜)] |
| 3월 3일 | 귀여운우유빙수(히나 미루쿠) | HACHIKU [도쿄 이케부쿠로(池袋)] |
| 3월 4일 | 생딸기빙수(나마이치고) | 티하우스 마루루 미야자키 다이텡(ティーハウス マユール宮崎台店) [카와사키(川崎)] |
| 3월 5일 | 딸기칼피스휩빙수(이치고&카루피스 호입뿌) | 아카와니(赤鰐) [기후(岐阜)] |
| 3월 6일 | 캐러멜커스터드크림우유빙수(카라메루 미루쿠 카스타도) | 호오세키바코(ほうせき箱) [나라(奈良)] |

| 날짜 | 빙수이름(일본식이름/원어) | 가게명[지명] | 날짜 | 빙수이름(일본식이름/원어) | 가게명[지명] |
|---|---|---|---|---|---|
| 3월 7일 | 생딸기빙수(나마이치고) | 지겐(慈げん) [구마가야(熊谷)] | 3월 27일 | 스페셜딸기크림빙수(스페샤루 이치고~시로앙 쿠리무) | 쿠라후토 카페(クラフトカフェ) [우라와(浦和)] |
| 3월 8일 | 딸기우유빙수(이치고 미루쿠 고오리) | 오챠노코(おちゃのこ) [나라(奈良)] | 3월 28일 | 숏케이크빙수(쇼오토 케에키) | 사쿠라 효오카텐(さくら氷菓店) [츠치우라(土浦)] |
| 3월 9일 | 딸기빙수(나라이치고 다이후쿠 고오리 ) | 호오세키바코(ほうせき箱) [나라(奈良)] | 3월 29일 | 휩딸기우유빙수(호입푸 이치고 미루쿠) | HACHIKU [도쿄 이케부쿠로(池袋)] |
| 3월 10일 | 딸기살구우유빙수(이치고 쿄오닌 미루쿠) | 오챠노코(おちゃのこ) [나라(奈良)] | 3월 30일 | 딸기빙수(아부리) | 사스케(佐助) [도치기(栃木)] |
| 3월 11일 | 겨울딸기빙수(후유 이치고) | 와 · 카페 호류지텡(和·カフェ螢茶園) [오이타(大分)] | 3월 31일 | 두둥실W딸기(후와후와 W 스토로베리) | 코오리야 삐이스(氷屋ぴいす) [도쿄 기치죠오지(吉祥寺)] |
| 3월 12일 | 휩딸기빙수(호입푸 스토로베리) | 쿠라후토 카페(クラフトカフェ) [우라와(浦和)] | 4월 1일 | 딸기크렘브륄레(빙수이치고노 쿠레무 부류레) | 세바스챤 [시부야(渋谷)] |
| 3월 13일 | 생딸기우유빙수(나마이치고 미루쿠) | 봉쿠라(梵くら) [센다이(仙台)] | 4월 2일 | 벚꽃떡빙수(사쿠라 모치) | 오챠토사케 다스키(お茶と酒たすき) [교토(京都)] |
| 3월 14일 | White+love(호와이토 라부) | 지겐(慈げん) [구마가야(熊谷)] | 4월 3일 | 우려낸말차라임빙수(젠챠토라이무노 가키고오리) | 오챠토사케 다스키(お茶と酒たすき) [교토(京都)] |
| 3월 15일 | 딸기밀푀유빙수(이치고 미루휘유) | 세바스챤 [시부야(渋谷)] | 4월 4일 | 호오지차꿀콩가루연유빙수(호오지챠 미츠 (기나코+렌뉴우)) | 오챠토사케 다스키(お茶と酒たすき) [교토(京都)] |
| 3월 16일 | 딸기프로마쥬치즈빙수(이치고노 후로마쥬) | 유키우사기(雪うさぎ) [코마자와(駒沢)] | 4월 5일 | 벚꽃빙수(사쿠라) | 지겐(慈げん) [구마가야(熊谷)] |
| 3월 17일 | 딸기빙수(이치고) | 코치카제(Kotikaze/こちかぜ) [오사카(大阪)] | 4월 6일 | 벚꽃빙수(사쿠라 고오리) | 미소라야 카페(みそらやcafe) [미나미아소(南阿蘇)] |
| 3월 18일 | 생딸기빙수(나마이치고) | 山口果物(やまぐちくだもの) [오사카(大阪)] | 4월 7일 | 벚꽃빙수(사쿠라) | 쿠리야카시 쿠로기(廚菓子くろぎ) [홍고오(本郷)] |
| 3월 19일 | 딸기빙수(이치고) | 니죠와카사야 테라마치텡(二條若狭屋 寺町店) [교토(京都)] | 4월 8일 | 벚꽃떡빙수(사쿠라 모치) | 세바스챤 [시부야(渋谷)] |
| 3월 20일 | 딸기빙수(이치고) | 키온니치(祇園日) [교토(京都)] | 4월 9일 | 벚꽃스페셜빙수(사쿠라 스페샤루) | 티하우스 마유루 미야자키 다이텡(ティーハウスマユール宮崎台店) [카와사키(川崎)] |
| 3월 21일 | 화이트초콜릿딸기빙수(호와이토 초코 이치고) | 와 · 카페 호류지텡(和·カフェ螢茶園) [오이타(大分)] | 4월 10일 | 벚꽃빙수(사쿠라 고오리) | 카페 놉푸(カフェノップ) [요코하마(横浜)] |
| 3월 22일 | 딸기빙수(이치고 다이후쿠 고오리) | 히라오소 호오류지텡(平宗 法隆寺店) [나라(奈良)] | 4월 11일 | 민트리큐어벚꽃젤리우유빙수(미루쿠 민토리큐우루 사쿠라 이로노 제리) | 데루베아(DERBAR) [나라(奈良)] |
| 3월 23일 | 생딸기우유스페셜빙수(나마이치고 미루미루쿠 스페샤루) | 오마치도오 후루타스(おまち堂&FRUTAS) [오카야마(岡山)] | 4월 12일 | 티라미수빙수(티라미수) | 키온니치(祇園日) [교토(京都)] |
| 3월 24일 | 추억의딸기우유빙수(오모이데노 이치고 미루쿠) | 유키우사기(雪うさぎ) [코마자와(駒沢)] | 4월 13일 | 감귤믹스얼음빙수(칸키츠 믹스 고오리) | 호오세키바코(ほうせき箱) [나라(奈良)] |
| 3월 25일 | 딸기빙수(이치고) | 쿠리야카시 쿠로기(廚菓子くろぎ) [홍고오(本郷)] | 4월 14일 | 오렌지빙수(타록코 오렌지) | 니죠와카사야 테라마치텡(利條若狭屋 寺町店) [교토(京都)] |
| 3월 26일 | 딸기우유빙수(이치고 미루쿠) | 카페 놉푸(カフェノップ) [요코하마(横浜)] | | | |

| 날짜 | 빙수이름(일본식이름/원어) | 가게명[지명] |
|---|---|---|
| 4월 15일 | 마르코폴로빙수(마루코 포오로 구레후루) | A cocotto [나고야(名古屋)] |
| 4월 16일 | 파파이야빙수(파파이야) | 와·카페 호류지텡(和·カフェ螢茶園) [오이타(大分)] |
| 4월 17일 | 딸기숏케이크빙수(이치고노 쇼오토 케에키) | 세바스챤 [시부야(渋谷)] |
| 4월 18일 | 아쌈밀크티빙수(앗사무 미루쿠 티) | 호오세키바코(ほうせき箱) [나라(奈良)] |
| 4월 19일 | 바나나캐러멜그래놀라빙수(바나나 캬라메루 구라노오라) | 지겐(慈げん) [구마가야(熊谷)] |
| 4월 20일 | 콩검정꿀빙수(우루시노잉겐노 고쿠미츠 고오리) | 시루켓챠노(しるけっちゃーの) [츠루오카(鶴岡)] |
| 4월 21일 | 로얄밀크티빙수(로이야루 미루쿠 티) | 오챠노코(おちゃのこ) [나라(奈良)] |
| 4월 22일 | 옐로우매직감식초빙수(이에로 마직쿠노 가키즈 가키 고오리) | 시루켓챠노(しるけっちゃーの) [츠루오카(鶴岡)] |
| 4월 23일 | 용궁의성빙수(류우구우죠오) | 사스케(佐助) [도치기(栃木)] |
| 4월 24일 | 바나나생딸기레몬크림우유빙수(바나나 미루쿠니 나마 이치고니 레몬 쿠리무) | 지겐(慈げん) [구마가야(熊谷)] |
| 4월 25일 | 귤요구르트빙수(가와치방캉 요구루토) | 유키우사기(雪うさぎ) [코마자와(駒沢)] |
| 4월 26일 | 베리베리코코아우유빙수(베리베리 미루쿠 코코아) | 지겐(慈げん) [구마가야(熊谷)] |
| 4월 27일 | 딸기우유빙수(이치고 미루쿠) | 봉쿠라(梵くら) [센다이(仙台)] |
| 4월 28일 | 딸기빙수(이치고) | 와·카페 호류지텡(和·カフェ螢茶園) [오이타(大分)] |
| 4월 29일 | 모카프라페빙수(모카 랍페) | 빠라공(バラゴン) [가고시마(鹿児島)] |
| 4월 30일 | 푸딩빙수(뿌딩구) | 지겐(慈げん) [구마가야(熊谷)] |
| 5월 1일 | 말차팥빙수(맛챠 아즈키) | 지겐(慈げん) [구마가야(熊谷)] |
| 5월 2일 | 레몬우유빙수(세토우치 레몬 미루쿠) | 타마고오리(玉氷) [미야지마(宮島)] |
| 5월 3일 | 말차팥빙수(우지 맛챠 킨토키) | 봉쿠라(梵くら) [센다이(仙台)] |
| 5월 4일 | 블루빙수(하테루마 부루) | 빠ー라ー밈삐카(パーラーみんぴか) [오키나와 하테루마(波照間)] |
| 5월 5일 | 망고빙수(망고) | 학쇼 우동(百姓うどん) [미야자키(宮崎)] |
| 5월 6일 | 베리베리베리티라미수빙수(베리베리베리 티라미수) | 봉쿠라(梵くら) [센다이(仙台)] |
| 5월 7일 | 말차가루얼음빙수(오리베고 오리) | 사쿠라 효오카텡(さくら氷菓店) [츠치우라(土浦)] |
| 5월 8일 | 레몬크림빙수(이론노 레몬) | 아사쿠사 나니와야(あさくさ浪花家) [아사쿠사(浅草)] |
| 5월 9일 | 레몬믹스베리레야치즈빙수(레몬토 믹스베리노 레야치즈) | 세바스챤 [시부야(渋谷)] |
| 5월 10일 | 말차우유빙수(맛챠 미루쿠) | 바론뎃세(BALLON D'ESSAI) [도쿄 시모키타자와(下北沢)] |
| 5월 11일 | 레몬우유빙수(레몬 미루쿠) | 아카와니(赤鰐) [기후(岐阜)] |
| 5월 12일 | 말차빙수(맛챠) | 가키고오리 카페 히무로(KAKIGORI CAFE ひむろ) [카가와(香川)] |
| 5월 13일 | 리큐빙수(리큐(利休)) | 니죠와카사야 테라마치텡(二條若狭屋 寺町店) [교토(京都)] |
| 5월 14일 | 무농약레몬우유빙수(무노오야쿠 레몬 미루쿠) | 봉쿠라(梵くら) [센다이(仙台)] |
| 5월 15일 | 레몬우유빙수(히로시마 레몬 미루쿠) | 코하루 카페(小春CAFE) [히로시마(広島)] |
| 5월 16일 | 말차팥빙수(맛챠 아즈키) | 타마고오리(玉氷) [미야지마(宮島)] |
| 5월 17일 | 말차우유빙수(맛챠 미루쿠) | 미소라야 카페(みそらやcafe) [미나미아소(南阿蘇)] |
| 5월 18일 | 라이챠 고오리(檑茶氷) | 오챠노코(おちゃのこ) [나라(奈良)] |
| 5월 19일 | 과일시럽빙수(구다모노 암미츠 가키고오리) | 우메노마(うめのま) [하카타(博多)] |
| 5월 20일 | 말차빙수(맛챠 시구레) | 중킷사쵸오쥬(純喫茶長壽) [야마구치(山口)] |
| 5월 21일 | 말차흰소얼음빙수(맛챠 시로앙 고오리) | 호오세키바코(ほうせき箱) [나라(奈良)] |
| 5월 22일 | 말차팥빙수(우지 킨토키) | 아사쿠사 나니와야(浅草浪花家) [아사쿠사(浅草)] |
| 5월 23일 | 새알심단팥죽빙수(고오리 우지 시루코) | 시루코 입뻬이(しるこ一平) [사가(佐賀)] |
| 5월 24일 | 말차빙수(맛챠 가키고오리) | 모리노엔(森乃園) [닝교오쵸오(人形町)] |

179

| 날짜 | 빙수이름(일본식이름/원어) | 가게명[지명] |
|---|---|---|
| 5월 25일 | 말차빙수(맛챠) | 호오세키바코(ほうせき箱) [나라(奈良)] |
| 5월 26일 | 진한말차빙수(고이고이 오토나노 맛챠 고오리) | 오챠노코(おちゃのこ) [나라(奈良)] |
| 5월 27일 | 말차팥빙수(사야마 맛챠 킨토키) | 쿠라후토 카페(クラフトカフェ) [우라와(浦和)] |
| 5월 28일 | 레몬생강빙수(레몬 진쟈) | Bum Bun Blau Cafe with Bee Hive [도쿄 시나가와(品川)] |
| 5월 29일 | 에스프레소빙수(에스푸렛소 가키고오리) | 바론뎃세(BALLON D'ESSAI) [도쿄 시모키타자와(下北沢)] |
| 5월 30일 | 코코아우유빙수(미루쿠 코코아) | 지겐(慈げん) [구마가야(熊谷)] |
| 5월 31일 | 말차새알심우유빙수(우지 미루쿠 시루코 시로다마) | 히마리(緋毬) [나고야(名古屋)] |
| 6월 1일 | 망고우유빙수(망고 미루쿠) | 봉쿠라(梵くら) [센다이(仙台)] |
| 6월 2일 | 망고요구르트빙수(망고 요구루토) | 타마고오리(玉氷) [미야지마(宮島)] |
| 6월 3일 | 망고패션빙수(망고 팟숑) | 山口果物(やまぐちくだもの) [오사카(大阪)] |
| 6월 4일 | 망고레몬우유요구르트빙수(레몬 미루쿠 요구루토 망고) | 지겐(慈げん) [구마가야(熊谷)] |
| 6월 5일 | 망고숏케이크빙수(망고 쇼오토 케에키) | 세바스챤 [시부야(渋谷)] |
| 6월 6일 | 망고레아치즈빙수(레아치즈 망고) | 세바스챤 [시부야(渋谷)] |
| 6월 7일 | 오렌지당근빙수(오렌지토 닌징) | 지겐(慈げん) [구마가야(熊谷)] |
| 6월 8일 | 망고우유빙수(망고 미루쿠) | 오마치도오&FRUTAS(おまち堂) [오카야마(岡山)] |
| 6월 9일 | 망고소스우유빙수(미루쿠 고오리 · 망고소스) | 카란도오(伽藍堂) [시가(滋賀)] |
| 6월 10일 | 망고패션빙수(망고 팟숑) | 지에네레(ジェネレ) [야마구치(山口)] |
| 6월 11일 | 딸기빙수(이치고) | 지에네레(ジェネレ) [야마구치(山口)] |
| 6월 12일 | 망고빙수 | 오챠노코(おちゃのこ) [나라(奈良)] |
| 6월 13일 | 달콤한시럽빙수(고오리암미츠) | 지겐(慈げん) [구마가야(熊谷)] |
| 6월 14일 | 망고자색고구마빙수(망고니 무라사키이) | 이쵸오노키(いちょうの木) [도쿄 시나가와(品川)] |

| 날짜 | 빙수이름(일본식이름/원어) | 가게명[지명] |
|---|---|---|
| 6월 15일 | 자두빙수(스모모) | 와 · 카페 호류지텡(和 · カフェ 螢茶園) [오이타(大分)] |
| 6월 16일 | 바나나빙수 | 쿠라후토 카페(クラフトカフェ) [우라와(浦和)] |
| 6월 17일 | 망고빙수 | 빠-라-밈삐카(パーラーみんぴか) [오키나와 하테루마(波照間)] |
| 6월 18일 | 무농약자두빙수(무노오야쿠 아마미 스모모 가라리) | 봉쿠라(梵くら) [센다이(仙台)] |
| 6월 19일 | 무농약귤요구르트치즈케이크빙수(무노오야쿠 아마나츠 요구루토 치즈 케에키) | 봉쿠라(梵くら) [센다이(仙台)] |
| 6월 20일 | 살구요구르트치즈케이크빙수(안즈토 요구루토 치즈 케에키) | 봉쿠라(梵くら) [센다이(仙台)] |
| 6월 21일 | 라즈베리빙수 | 봉쿠라(梵くら) [센다이(仙台)] |
| 6월 22일 | 커피얼음빙수(고히 가키고오리) | 코쿠 카페(cocoo cafe) [오사카(大阪)] |
| 6월 23일 | 카카오우유빙수(카카오 미루쿠) | 마츠시타 킷친(松下キッチン) [오사카(大阪)] |
| 6월 24일 | 에스프레소빙수(에스뿌렛소) | 지겐(慈げん) [구마가야(熊谷)] |
| 6월 25일 | 티라미수빙수(오토나노 티라미수) | 세바스챤 [시부야(渋谷)] |
| 6월 26일 | 무농약라즈베리견과빙수(산슈노 낫츠니 무노오야쿠 라즈베리) | 봉쿠라(梵くら) [센다이(仙台)] |
| 6월 27일 | 보이즌베리빙수(보이셈베리) | 가키고오리 카페 히무로(KAKIGORI CAFE ひむろ) [카가와(香川)] |
| 6월 28일 | 매실얼음빙수(우메이로 가키고오리) | 우메노마(うめのま) [하카타(博多)] |
| 6월 29일 | 산딸기요구르트치즈케이크빙수(기 이치고 요구루토 치즈케-키) | 봉쿠라(梵くら) [센다이(仙台)] |
| 6월 30일 | 블루베리요구르트우유빙수(부루베리 요구루토 미루쿠) | 타마고오리(玉氷) [미야지마(宮島)] |
| 7월 1일 | 복숭아딜럭스빙수(모모 데락스) | 아카와니(赤鰐) [기후(岐阜)] |
| 7월 2일 | 두유풋콩빙수(도오뉴우 즌다) | 지겐(慈げん) [구마가야(熊谷)] |
| 7월 3일 | 패션푸르트와 패션가나슈빙수(팟숑 후루츠토 팟숑 가낫슈) | 세바스챤 [시부야(渋谷)] |

| 날짜 | 빙수이름(일본식이름/원어) | 가게명[지명] |
|------|------------------------|-------------|
| 7월 4일 | 패션푸르트빙수(팟숑 후루츠) | 코오리야 삐이스(氷屋ぴいす) [도쿄 기치죠오지(吉祥寺)] |
| 7월 5일 | 마녀의망고얼음빙수(마죠노 망고 고오리) | 쿠라후토 카페(クラフトカフェ) [우라와(浦和)] |
| 7월 6일 | 수박빙수(스이카) | 지겐(慈げん) [구마가야(熊谷)] |
| 7월 7일 | 파인애플레몬요구르트우유빙수(자·파이니 레몬 미루쿠 요구루토) | 지겐(慈げん) [구마가야(熊谷)] |
| 7월 8일 | 딸기소스우유얼음빙수(도쿠·미루쿠 고오리 이치고소스) | 카란도오(伽藍堂) [시가(滋賀)] |
| 7월 9일 | 진한망고맛우유빙수(망고 노오코오 미루쿠) | 지겐(慈げん) [구마가야(熊谷)] |
| 7월 10일 | 블루베리레몬요구르트우유빙수(부루베리 레몬 미루쿠 요구루토) | 지겐(慈げん) [구마가야(熊谷)] |
| 7월 11일 | 진한자두맛우유빙수(스모모니 노오코오 미루쿠) | 지겐(慈げん) [구마가야(熊谷)] |
| 7월 12일 | 딸기우유빙수(이치고 미루쿠) | 코하루 카페(小春CAFE) [히로시마(広島)] |
| 7월 13일 | 라즈베리빙수(아마오 라즈베리) | 데루베에(DERBAR) [나라(奈良)] |
| 7월 14일 | 복숭아매실주빙수(나마모모 우메슈) | 타마고오리(玉氷) [미야지마(宮島)] |
| 7월 15일 | 복숭아빙수(모모) | 토토앙(ととあん) [히로시마(広島)] |
| 7월 16일 | 커피우유빙수(고히 미루쿠) | 타마고오리(玉氷) [미야지마(宮島)] |
| 7월 17일 | 복숭아우유빙수(모모 미루쿠) | 가키고오리 카페 히무로(KAKIGORI CAFE ひむろ) [카가와(香川)] |
| 7월 18일 | 레몬빙수(레몽) | 가키고오리 카페 히무로(KAKIGORI CAFE ひむろ) [카가와(香川)] |
| 7월 19일 | 말차빙수 | 치모토(ちもと) [도쿄 야쿠모(八雲)] |
| 7월 20일 | 복숭아우유빙수(모모 미루쿠) | 봉쿠라(梵くら) [센다이(仙台)] |
| 7월 21일 | 딸기얼음빙수(이치고 고오리) | 나카무라켄(中村軒)`[교토(京都)] |
| 7월 22일 | 딸기빙수(효오카 아마오) | 스즈카케혼텡(鈴懸本店) [하카타(博多)] |
| 7월 23일 | 무지개빙수(아쿠츠 레인보) | 사스케(佐助) [도치기(栃木)] |
| 7월 24일 | 복숭아빙수(모모) | 템몽캉 무쟈키(天文館むじゃき) [가고시마(鹿児島)] |
| 7월 25일 | 긴토키빙수 | HACHIKU [도쿄 이케부쿠로(池袋)] |
| 7월 26일 | 무농약검정구스베리빙수(무노야쿠 구로 스구리) | 봉쿠라(梵くら) [센다이(仙台)] |
| 7월 27일 | 버라이어티(Variety)빙수(바라에티) | 누노하시(ぬのはし) [하마마츠(浜松)] |
| 7월 28일 | 빙수(가키고오리) | 아카네앙(茜庵) [도쿠시마(徳島)] |
| 7월 29일 | 하치죠킨토키빙수(하치죠 킨토키) | 스즈카케혼텡(鈴懸本店) [하카타(博多)] |
| 7월 30일 | 감자옥수수빙수(쟈가이모 콘) | 지겐(慈げん) [구마가야(熊谷)] |
| 7월 31일 | 모과지게미크림빙수(가린토 사케카스 쿠리무노 가키고오리) | 효오샤 마마토코(氷舎 mamatoko) [도쿄(東京)] |
| 8월 1일 | 커피빙수(고히) | 노구치쇼텡(野口商店) [오사카(大阪)] |
| 8월 2일 | 딸기우유빙수(이치고 미루쿠) | Anjin [시부야(渋谷)] |
| 8월 3일 | 말차팥빙수(맛챠 아즈키) | 와·카페 호류지텡(和·カフェ螢茶園) [오이타(大分)] |
| 8월 4일 | 블루베리요구르트빙수(부루베리 요구루토) | 미소라야 카페(みそらやcafe) [미나미아소(南阿蘇)] |
| 8월 5일 | 블루하와이빙수(오토나노 부루하와이) | 지겐(慈げん) [구마가야(熊谷)] |
| 8월 6일 | 머스크멜론빙수(마스크메롱) | 봉쿠라(梵くら) [센다이(仙台)] |
| 8월 7일 | 멜론빙수(메롱) | 코치카제(Kotikaze/こちかぜ) [오사카(大阪)] |
| 8월 8일 | 딸기빙수(이치고) | 미소라야 카페(みそらやcafe) [미나미아소(南阿蘇)] |
| 8월 9일 | 방캉요구르트빙수(방캉 요구루토) | 미소라야 카페(みそらやcafe) [미나미아소(南阿蘇)] |
| 8월 10일 | 유자얼음&체리칵테일빙수(스다치 고오리& 아오모리산 사와체리) | 데루베에(DERBAR) [나라(奈良)] |
| 8월 11일 | 블루베리우유빙수(부루베리 미루쿠) | 사쿠라 효오텡(さくら氷菓店) [츠치우라(土浦)] |

| 날짜 | 빙수이름(일본식이름/원어) | 가게명[지명] |
|---|---|---|
| 8월 12일 | 오이빙수(가츠라우리 고오리) | 나카무라켄(中村軒) [교토(京都)] |
| 8월 13일 | 키위요구르트빙수(키우이 요구루토) | 지겐(慈げん) [구마가야(熊谷)] |
| 8월 14일 | 흰곰빙수(시로쿠마) | 빠라공(パラゴン) [가고시마(鹿児島)] |
| 8월 15일 | 푸딩흰곰빙수(프린 시로쿠마) | 템몽칸 무쟈키(天文館むじゃき)[가고시마(鹿児島)] |
| 8월 16일 | 진한복숭아우유빙수(모모 노 오코오 미루쿠) | 지겐(慈げん) [구마가야(熊谷)] |
| 8월 17일 | 우유팥빙수(아즈키 미루쿠) | 메구로 히이라기(目黒ひいらぎ) [메구로(目黒)] |
| 8월 18일 | 칼피스라테빙수(카루피스 라테) | 사쿠라 효오카텡(さくら氷菓店)[츠치우라(土浦)] |
| 8월 19일 | 달콤한된장건과치즈빙수(오에도 아마미소& 낫츠노 후로마쥬(Fromage)) | 유키우사기(雪うさぎ) [코마자와(駒沢)] |
| 8월 20일 | 딸기빙수(이치고) | 노구치쇼텡(野口商店) [오사카(大阪)] |
| 8월 21일 | 커피우유빙수(고히 미루쿠) | 노구치쇼텡(野口商店) [오사카(大阪)] |
| 8월 22일 | 콜라빙수(코오라) | 노구치쇼텡(野口商店) [오사카(大阪)] |
| 8월 23일 | 에메랄드파인애플빙수(에메라루도 파인) | 노구치쇼텡(野口商店) [오사카(大阪)] |
| 8월 24일 | 말차우유빙수(우지 미루쿠) | 노구치쇼텡(野口商店) [오사카(大阪)] |
| 8월 25일 | 하와이안블루우유빙수(하와이안 부루 미루쿠) | 노구치쇼텡(野口商店) [오사카(大阪)] |
| 8월 26일 | 호우지차얼음빙수(호오지차 가키고오리) | 모리노엔(森乃園) [닝교오쵸오(人形町)] |
| 8월 27일 | 딸기우유빙수(이치고 미루쿠) | 사쿠라 효오카텡(さくら氷菓店)[츠치우라(土浦)] |
| 8월 28일 | 미니수박빙수(고다마 스이카) | 유키우사기(雪うさぎ) [코마자와(駒沢)] |
| 8월 29일 | 검정꿀콩가루빙수(구로미츠 기나코) | 와·카페 호류지텡(和·カフェ 螢茶園) [오이타(大分)] |
| 8월 30일 | 베리베리장미우유빙수(베리베리 로즈 미루쿠) | 사스케(佐助) [도치기(栃木)] |
| 8월 31일 | 블루베리빙수(부루베리) | 와·카페 호류지텡(和·カフェ 螢茶園) [오이타(大分)] |
| 9월 1일 | 피오네빙수(피오네) | 오마치도오&FRUTAS(おまち堂) [오카야마(岡山)] |

| 날짜 | 빙수이름(일본식이름/원어) | 가게명[지명] |
|---|---|---|
| 9월 2일 | 포도빙수(부도오) | 가키고오리 카페 히무로(KAKIGORI CAFE ひむろ) [카가와(香川)] |
| 9월 3일 | 샤인머스켓마리네빙수(오오바토 샤인 마스캇토노 가루이 마리네) | 효오샤 마마토코(氷舎 mamatoko) [도쿄(東京)] |
| 9월 4일 | 차조기거봉빙수(시소 교호오) | 카스가노가마(春日野窯) [나라(奈良)] |
| 9월 5일 | 포도빙수(부도오) | 앙카라앙(あんから庵) [에히메(愛媛)] |
| 9월 6일 | 피오네빙수(피오네) | 와·카페 호류지텡(和·カフェ 螢茶園) [오이타(大分)] |
| 9월 7일 | 피오네요구르트우유빙수(피오네 요구루토 미루쿠) | 타마고오리(玉氷) [미야지마(宮島)] |
| 9월 8일 | 감귤빙수(이요캉) | 앙카라앙(あんから庵) [에히메(愛媛)] |
| 9월 9일 | 3가지포도맛빙수(산슈노 부도오 다베쿠라베) | 와·카페 호류지텡(和·カフェ 螢茶園) [오이타(大分)] |
| 9월 10일 | 차이차빙수(야마토 챠이) | 호오세키바코(ほうせき箱) [나라(奈良)] |
| 9월 11일 | 파인애플빙수(파인) | 와·카페 호류지텡(和·カフェ 螢茶園) [오이타(大分)] |
| 9월 12일 | 무화과빙수(이치지쿠) | 가키고오리 카페 히무로(KAKIGORI CAFE ひむろ) [카가와(香川)] |
| 9월 13일 | 얼음으로휘감은떡빙수(고오리 구루미 모치) | 학카쿠도오(八角堂) [오사카(大坂)] |
| 9월 14일 | 금가루우유빙수(미루킹) | 카니동(カニドン) [오카야마(岡山)] |
| 9월 15일 | 피칸파이빙수(피칸빠이) | 이쵸노키(いちょうの木) [시나가와(品川)] |
| 9월 16일 | 유자빙수(유즈) | 빠~라~밈삐카(パーラーみんぴか) [오키나와 하테루마(波照間)] |
| 9월 17일 | 생강벌꿀우유빙수(진쟈 하니) | Cafe& Diningbar 카시와(珈茶話) [닉코오(日光)] |
| 9월 18일 | 호우지차빙수(호오지차) | 와·카페 호류지텡(和·カフェ 螢茶園) [오이타(大分)] |
| 9월 19일 | 딸기우유빙수(이치고 미루쿠 고오리) | 카니동(カニドン) [오카야마(岡山)] |
| 9월 20일 | 과일우유빙수(구다모노 미루쿠) | 아카와니(赤鰐) [기후(岐阜)] |

| 날짜 | 빙수이름(일본식이름/원어) | 가게명[지명] |
|---|---|---|
| 9월 21일 | 가을공주빙수(아키 히메) | 사쿠라 효오카텐(さくら氷菓店) [츠치우라(土浦)] |
| 9월 22일 | 거봉우유빙수(교호오 미루쿠) | 봉쿠라(梵くら) [센다이(仙台)] |
| 9월 23일 | 황금복숭아빙수(오오곤 모모) | 오마치도오&FRUTAS(おまち堂) [오카야마(岡山)] |
| 9월 24일 | 카페클레임빙수(카페 쿠레무) | 쿠라후토 카페(クラフトカフェ) [우라와(浦和)] |
| 9월 25일 | 포도빙수(부도오) | 노구치 쇼오텐(野口商店) [오사카(大阪)] |
| 9월 26일 | 토마토우유빙수(토마토 미루쿠) | Cafe& Diningbar 카시와(珈茶話) [닉코오(日光)] |
| 9월 27일 | 거봉빙수(교호오) | 와 · 카페 호류지텐(和 · カフェ螢茶園) [오이타(大分)] |
| 9월 28일 | 멜론빙수(나마메롱) | 유키우사기(雪うさぎ) [코마자와(駒沢)] |
| 9월 29일 | 아쌈과딤블라빙수(앗사무토 딤부라) | 티하우스 마유루 미야자키 다이텐(ティーハウスマユール宮崎台店) [카와사키(川崎)] |
| 9월 30일 | 무농약산딸기요구르트치즈케이크빙수(무노오야쿠 기이치고토 요구루토 치즈케에키) | 봉쿠라(梵くら) [센다이(仙台)] |
| 10월 1일 | 새알심팥죽빙수(고오리 시로타마) | 시무라(志むら) [메지로(目白)] |
| 10월 2일 | 단팥죽코코넛빙수(시루코 코코넛츠) | A.cocotto [나고야(名古屋)] |
| 10월 3일 | 팥우유빙수(아즈키 미루쿠) | 타마고오리(玉氷) [미야지마(宮島)] |
| 10월 4일 | 단팥죽크림빙수(히로시마 쿠리무 젠자이) | 코하루 카페(小春CAFE) [히로시마(広島)] |
| 10월 5일 | 우유빙수(킨토키 미루쿠) | 오마치도오&FRUTAS(おまち堂) [오카야마(岡山)] |
| 10월 6일 | 팥빙수(고오리 아즈키) | 시무라(志むら) [메지로(目白)] |
| 10월 7일 | 말차새알팥빙수(맛챠 아즈키 미루쿠 시로타마) | 카란도오(伽藍堂) [시가(滋賀)] |
| 10월 8일 | 진한팥죽빙수(시루코 릿치) | 유키우사기(雪うさぎ) [코마자와(駒沢)] |
| 10월 9일 | 팥소우유얼음빙수(앙코 미루쿠 가키고오루) | 우메노마(うめのま) [하카타(博多)] |
| 10월 10일 | 단팥죽빙수(젠자이) | 빠-라-밈삐카(パーラーみんぴか) [오키나와 테루마(波照間)] |

| 날짜 | 빙수이름(일본식이름/원어) | 가게명[지명] |
|---|---|---|
| 10월 11일 | 단팥죽우유빙수(미루쿠 젠자이) | 히가시 쇼쿠도오(ひがし食堂) [오키나와 나고(名護)] |
| 10월 12일 | 단팥죽커피우유빙수(고히 미루쿠 젠자이) | 빠-라-마루밋토(パーラーマルミット) [오키나와 나고(名護)] |
| 10월 13일 | 팥소딸기우유빙수(이치고 미루쿠 킨토키) | 센니치(千日) [오키나와 나하(那覇)] |
| 10월 14일 | 팥콩가루크림빙수(아즈키 기나코 쿠리무) | 타마고오리(玉氷) [미야지마(宮島)] |
| 10월 15일 | 팥빙수(히야시 다이나공) | 시루코 입뻬이(しるこ一平) [사가(佐賀)] |
| 10월 16일 | 단팥죽빙수(고오리 시루코) | 시루코 입뻬이(しるこ一平) [사가(佐賀)] |
| 10월 17일 | 팥소빙수(고오리 킨토키) | 시루코 입뻬이(しるこ一平) [사가(佐賀)] |
| 10월 18일 | 콩우유빙수(마메 미루쿠) | 다코하치(たこ八) [아자부(麻布)] |
| 10월 19일 | 하얀소말차빙수(우지 시로앙 킨토키) | 아사쿠사 나니와야(あさくさ浪花家) [아사쿠사(浅草)] |
| 10월 20일 | 단팥죽새알우유빙수(토쿠 미루쿠 고시앙 시로타마) | 카란도오(伽藍堂) [시가(滋賀)] |
| 10월 21일 | 콩가루팥소우유빙수(기나코 미루쿠 킨토키) | 히마리(緋毬) [나고야(名古屋)] |
| 10월 22일 | 팥얼음빙수(아즈키 고오리) | 와 · 카페 호류지텐(和 · カフェ螢茶園) [오이타(大分)] |
| 10월 23일 | 진한말차팥소빙수(오코이 우지 킨토키) | 토토앙(ととあん) [히로시마(広島)] |
| 10월 24일 | 단팥죽우유빙수(미루쿠 젠자이) | 호테이챠야(ほてい茶屋) [고오치(高知)] |
| 10월 25일 | 말차가루팥우유빙수(맛챠 아즈키 미루쿠) | 미소라야 카페(みそらやcafe) [미나미아소(南阿蘇)] |
| 10월 26일 | 앙미츠말차얼음빙수(맛챠 암미츠 가키고오리) | 우메노마(うめのま) [하카타(博多)] |
| 10월 27일 | 볶은찻잎팥빙수(호오지챠 아즈키) | 미소라야 카페(みそらやcafe) [미나미아소(南阿蘇)] |
| 10월 28일 | 단팥죽빙수(고오리 젠자이) | 앙카라앙(あんから庵) [에히메(愛媛)] |
| 10월 29일 | 팥소우유빙수(미루쿠 킨토키) | 코하루 카페(小春CAFE) [히로시마(広島)] |
| 10월 30일 | 팥소우유빙수(미루쿠 킨토키) | 키온니치(祇園日) [교토(京都)] |

| 날짜 | 빙수이름(일본식이름/원어) | 가게명[지명] |
|---|---|---|
| 10월 31일 | 무농약호박프로마쥬치즈우유빙수(무노오야쿠 팜푸킹 미루쿠 후로마쥬) | 봉쿠라(梵くら) [센다이(仙台)] |
| 11월 1일 | 캐러멜소금빙수(시오 캬라 메루) | 유키우사기(雪うさぎ) [코마자와(駒沢)] |
| 11월 2일 | 몽블랑빙수(몽블랑) | 지겐(慈げん) [구마가야(熊谷)] |
| 11월 3일 | 토종밤빙수(와구리) | 쿠리야카시 쿠로기(廚菓子くろぎ) [홍고오(本郷)] |
| 11월 4일 | 밤우유빙수(구리 미루쿠) | 봉쿠라(梵くら) [센다이(仙台)] |
| 11월 5일 | 마롱호박프로마쥬치즈우유빙수(마롱& 팜푸킹 미루쿠 후로마쥬) | 봉쿠라(梵くら) [센다이(仙台)] |
| 11월 6일 | 밤우유빙수(구리 미루쿠) | 지겐(慈げん) [구마가야(熊谷)] |
| 11월 7일 | 마롱빙수(마롱짱) | 사쿠라 효오카텡(さくら氷菓店) [츠치우라(土浦)] |
| 11월 8일 | 밤소빙수(미루 쿠리앙) | 미소라야 카페(みそらやcafe) [미나미아소(南阿蘇)] |
| 11월 9일 | 마롱프로마쥬치즈빙수(마롱 후로마쥬) | 쿠라후토 카페(クラフトカフェ) [우라와(浦和)] |
| 11월 10일 | 밤빙수(구리) | 와·카페 호류지텡(和·カフェ螢茶園) [오이타(大分)] |
| 11월 11일 | 복숭아조림빙수(피치 메루바) | 사쿠라 효오카텡(さくら氷菓店) [츠치우라(土浦)] |
| 11월 12일 | 한라봉빙수(온데코) | 와·카페 호류지텡(和·カフェ螢茶園) [오이타(大分)] |
| 11월 13일 | 말차호박빙수(맛차 팜푸킨) | 쿠라후토 카페(クラフトカフェ) [우라와(浦和)] |
| 11월 14일 | 구운사과그레놀라빙수(야키 링고 구라노라) | A.cocotto [나고야(名古屋)] |
| 11월 15일 | 팥소건과빙수(미루쿠토 이론나 모노가 하잇타 앙코) | 아사쿠사 나니와야(あさくさ浪花家) [아사쿠사(浅草)] |
| 11월 16일 | 사과레몬요구르트우유빙수(링고 레몬 미루쿠 요구루토) | 지겐(慈げん) [구마가야(熊谷)] |
| 11월 17일 | 라즈베리코코아우유빙수(라즈베리 미루쿠 코코아) | 지겐(慈げん) [구마가야(熊谷)] |
| 11월 18일 | 호박빙수(가보챠) | 오챠노코(おちゃのこ) [나라(奈良)] |
| 11월 19일 | 호박빙수(가보챠) | 아사쿠사 나니와야(あさくさ浪花家) [아사쿠사(浅草)] |
| 11월 20일 | 감크림치즈빙수(후유우 가키토 쿠리무 치즈) | 유키우사기(雪うさぎ) [코마자와(駒沢)] |
| 11월 21일 | 감빙수(가키) | 가키고오리 카페 히무로(KAKIGORI CAFE ひむろ) [카가와(香川)] |
| 11월 22일 | 감빙수2015(가키 고오리 2015) | 히라소소 호오류우지텡(平宗 法隆寺店) [나라(奈良)] |
| 11월 23일 | 감빙수2016(가키 고오리 2016) | 히라소소 호오류우지텡(平宗 法隆寺店) [나라(奈良)] |
| 11월 24일 | 키위우유빙수(사와야카 미루쿠토 키위이) | 아사쿠사 나니와야(あさくさ浪花家) [아사쿠사(浅草)] |
| 11월 25일 | 키위빙수(키위이랏시) | 티하우스 마유루 미야자키 다이텡(ティーハウスマユール宮崎台店) [카와사키(川崎)] |
| 11월 26일 | 키위요구르트빙수(키위이 요구루토 고오리) | 호오세키바코(ほうせき箱) [나라(奈良)] |
| 11월 27일 | 키위레몬크림빙수(키위이 레몬 쿠리무) | A.cocotto [나고야(名古屋)] |
| 11월 28일 | 프리미엄캐러멜빙수(자 푸레미니 캬라멜) | 지겐(慈げん) [구마가야(熊谷)] |
| 11월 29일 | 티라미수빙수(오토나노 티라미수) | 사쿠라 효오카텡(さくら氷菓店) [츠치우라(土浦)] |
| 11월 30일 | 호박캐러멜빙수(가보챠 캬라메루) | 유키우사기(雪うさぎ) [코마자와(駒沢)] |
| 12월 1일 | 크리스마스딸기초콜렛빙수(쿠리스마스 나마이치고토 니소오노 쇼코라) | 봉쿠라(梵くら) [센다이(仙台)] |
| 12월 2일 | 딸기크리스마스트리빙수(이치고노 쿠리스마스 츠리) | 쿠라후토 카페(クラフトカフェ) [우라와(浦和)] |
| 12월 3일 | 화이트초콜릿에스푸마말차빙수(맛챠토 호와이토 쵸코노 에스푸마) | 호오세키바코(ほうせき箱) [나라(奈良)] |
| 12월 4일 | 붓슈드엘빙수(붓슈도노에루) | 세바스챤 [시부야(渋谷)] |
| 12월 5일 | 호우지차빙수(교오토 고야마엔 호오지챠) | 나마이키(生粋) [소토칸다(外神田)] |
| 12월 6일 | 바질레몬빙수(바지루 레몬) | 나마이키(生粋) [소토칸다(外神田)] |

| 날짜 | 빙수이름(일본식이름/원어) | 가게명[지명] |
|---|---|---|
| 12월 7일 | 흰곰빙수(사츠마 시로쿠마) | 나마이키(生粋) [소토칸다(外神田)] |
| 12월 8일 | 커피우유빙수(고히 미루쿠) | 나마이키(生粋) [소토칸다(外神田)] |
| 12월 9일 | 고구마우유시럽빙수(사츠마 미루쿠 미타라시 시롭푸 소에) | 지겐(慈げん) [구마가야(熊谷)] |
| 12월 10일 | 아침놀빙수(아사야케) | 아사쿠사 나니와야(あさくさ 浪花家) [아사쿠사(浅草)] |
| 12월 11일 | 핫토마토레몬타바스코빙수(훗토토마토 레몬 다바스코 이리) | 지겐(慈げん) [구마가야(熊谷)] |
| 12월 12일 | 사과생강시나몬빙수(압푸루 진쟈 시나몽) | 봉쿠라(梵くら) [센다이(仙台)] |
| 12월 13일 | 유자&무빙수(유즈토 다이콩) | 지겐(慈げん) [구마가야(熊谷)] |
| 12월 14일 | 에스프레스우유빙수(에스푸렛소 미루쿠) | 유키우사기(雪うさぎ) [코마자와(駒沢)] |
| 12월 15일 | 콩가루휩빙수(기나코 호입푸) | 사쿠라 효오카텐(さくら 氷菓店) [츠치우라(土浦)] |
| 12월 16일 | 화이트초콜릿피스타치오라즈베리빙수(호와이토 쇼코라토 피스타치오& 라즈베리) | 봉쿠라(梵くら) [센다이(仙台)] |
| 12월 17일 | 카푸치노빙수(카푸치노) | 쿠라후토 카페(クラフト カフェ) [우라와(浦和)] |
| 12월 18일 | 캐러멜견과빙수(캬라메루 낫츠) | 오챠노코(おちゃのこ) [나라(奈良)] |
| 12월 19일 | 타피오카우유빙수(타피오카 미루쿠 티) | 티하우스 마유루 미야자키 다이텡(ティーハウス マユール宮崎台店) [카와사키(川崎)] |
| 12월 20일 | 밀크크림코코아빙수(미루쿠 쿠리무 코코아) | A.cocotto [나고야(名古屋)] |
| 12월 21일 | 귤빙수(미쇼캉(美生柑)) | 코오리야 삐이스(氷屋ぴいす) [도쿄 기치죠오지(吉祥寺)] |
| 12월 22일 | 푸딩빙수(기마구레 푸딩구) | 코오리야 삐이스(氷屋ぴいす) [도쿄 기치죠오지(吉祥寺)] |
| 12월 23일 | 생일얼음빙수(바스데이 가키고오리) | 세바스찬 [시부야(渋谷)] |
| 12월 24일 | 크리스마스트리빙수(쿠리스마스 츠리) | 코오리야 삐이스(氷屋ぴいす) [도쿄 기치죠오지(吉祥寺)] |
| 12월 25일 | 크리스마스빙수(쿠리스마스 고오리) | 티하우스 마유루 미야자키 다이텡(ティーハウス マユール宮崎台店) [카와사키(川崎)] |
| 12월 26일 | 크리스마스 한정 초콜릿빙수(쿠리스마스 겐테이 고오리 산소오노 쇼코라) | 봉쿠라(梵くら) [센다이(仙台)] |
| 12월 27일 | 빨간사과빙수(제네바~아카이 링고노 가키(고오리)) | 쿠라후토 카페(クラフト カフェ) [우라와(浦和)] |
| 12월 28일 | 크리스털레몬빙수(쿠리스타루 레몬) | 오마치도오 후루타스(おまち堂＆FRUTAS) [오카야마(岡山)] |
| 12월 29일 | 진한금귤맛우유빙수(자·킹 칸니 노오코오 미루쿠) | 지겐(慈げん) [구마가야(熊谷)] |
| 12월 30일 | 검정꿀콩가루크림빙수(구로미츠 기나코 쿠리무) | 지겐(慈げん) [구마가야(熊谷)] |
| 12월 31일 | 생딸기빙수(나마이치고) | 시무라(志むら) [메지로(目白)] |

구마모토현(熊本県) 오구니마치(小国町)의 츠에타테온천(杖立温泉)에서 개
최된 족탕(足湯) 빙수 이벤트에 참여한 '와·카페 호류지텡'의 히로미 씨가
사각사각하고 맛있는 빙수를 만들고 있을 때, 한 소년이 나타나 빙수 만드는
과정을 가까이서 바라보고 있었다.

날카로운 칼날에 깎이어 주르르 떨어지는 얼음 가루.
그 얼음이 어떻게 깎이는 것인지,
이리저리 살피는 소년의 호기심어린 모습,
빙수기의 작동과 히로미 씨의 손동작을,
눈을 반짝이면서 바라보고 있었다.

어린이들의 미래에 대한 꿈 중에 '세상에서 제일가는 빙수가게를 하는 것'이
등장할 날도 그리 멀지 않은 것 같다.

이번에도 많은 분들의 협력으로
책을 완성하게 되었습니다.
취재에 협력해 주신 가게의 모든 분들,
출연해 주신 가게의 단골손님들,
그리고 이번에 멋진 사진을
적극적으로 제공해 주신 수많은 분들께
진심으로 감사를 드립니다.
그리고 다음 기회에도 더 많은 분들과 함께
빙수에 관한 책을 만들어 보고 싶습니다.
이 다음에는 모두 함께 밀담을 나눠봅시다.